高等学校“十三五”规划教材

C语言程序设计实验与实训指导

郭韶升　张　炜　主编

化学工业出版社
·北京·

全书共3部分：第1部分实验包含C语言入门及选择结构、循环结构及数组、函数与自定义数据类型、指针4个大实验，共分为16个小实验，171个小项。实验步骤从阅读程序、补充完成程序、程序改错递进到编写程序；第2部分实训由5个实训项目组成，其中前4个项目为专项训练，分别为输入与输出、数组、菜单、函数，最后1个项目为综合实训——班主任管家软件的设计与实现；第3部分为实验参考答案。

本书作为《案例驱动的C语言程序设计》（郭韶升主编）一书的配套教材，内容通俗易懂，由浅入深，突出重点，重在应用。由点（实验）到线（专项实训）、由线到面（综合实训）的内容设置保障了学生实践能力训练的递进性。

本书既可作为普通高等学校计算机类、电子信息类相关专业的C语言实验教材，又可供相关科研人员及编程爱好者参考。

图书在版编目（CIP）数据

C语言程序设计实验与实训指导 / 郭韶升，张炜主编. 北京：化学工业出版社，2017.9（2023.9重印）
高等学校“十三五”规划教材
ISBN 978-7-122-30108-6

Ⅰ. ①C… Ⅱ. ①郭… ②张… Ⅲ. ①C语言-程序设计-高等学校-教学参考资料 Ⅳ. ①TP312.8

中国版本图书馆CIP数据核字（2017）第156194号

责任编辑：郝英华　　装帧设计：张　辉
责任校对：王素芹

出版发行：化学工业出版社（北京市东城区青年湖南街13号　邮政编码100011）
印　　装：天津盛通数码科技有限公司
787mm×1092mm　1/16　印张10　字数249千字　　2023年9月北京第1版第7次印刷

购书咨询：010-64518888　　售后服务：010-64518899
网　　址：http://www.cip.com.cn
凡购买本书，如有缺损质量问题，本社销售中心负责调换。

定　　价：28.00元

前言

C语言自20世纪80年代开始流行以来，历经40年而不衰。C语言因其表达灵活、计算高效、功能丰富、移植性高，成为时下流行的通用程序设计语言之一。C语言作为通用的、过程式编程语言，既具有高级程序设计语言的优点，又具有低级程序设计语言的特点，广泛用于系统软件与应用软件的开发，成为软件开发人员必须掌握的基础编程语言，也是计算机类、电子信息类相关专业学生学习的首选。

中国高等教育改革吹响应用型人才培养的号角，使得实践教学在人才培养中的地位更加凸显。实践教学是培养学生实践能力和创新能力的重要环节，也是提高学生社会职业素养和就业竞争力的重要途径。随着实践教学越来越受重视，C语言程序设计教材由第一代的经典举例，第二代的小案例渗透章节内容，逐渐过渡到第三代的大项目案例贯穿整个C语言教学内容的发展趋势。

青岛科技大学C语言程序课程组以党的二十大精神为指引，坚持立德树人根本任务，聚焦学生缺乏“因材施教、工程训练、高阶思维”的痛点，构建“情景导入、思政融入、游戏渗入、案例深入”和“点、线、面相结合的多层次”理论、实践体系，以培养有社会责任、工程能力和创新精神为目标，编写了《案例驱动的C语言程序设计》和《C语言程序设计实验与实训指导》两本教材，两本教材是姊妹篇，可相互配套使用。

本书包含实验、实训，并提供了实验的参考答案。第1部分的每个实验都包括实验目的、实验学时和实验步骤三项内容。实验步骤又由阅读程序、完成程序、调试程序和编写程序组成，体现了实践能力培养的渐进性。实验有171个题目，每个实验的代码量不超过20行，侧重于基本知识点的练习。实训内容由4个专项训练和1个综合训练组成。每一个专项包含若干个知识点，侧重于专项训练，这几个专项训练又能够一步一步串联在一起，使程序训练成果像滚雪球一样越滚越大，不知不觉之中提高了学生解决复杂问题的能力，为完成综合实训做好了铺垫。

本书的综合实训既贴近生活又涵盖了C语言的重点内容，使得理论内容在实践中得到应用。学生最大的收获是，不但知道理论在实践中如何应用，而且通过大型案例项目的开发积累，能够写大程序，从而达到工程化训练的目的。

本书以“重实践、强应用”为导向，注重训练学生的计算思维能力和逻辑运算能力。本书由点（实验）到线（专项实训）、由线到面（综合实训）的设置保障了学生在学习中实践，在实践中学习。使学生的学习过程就像是在爬楼梯，一个实验一个台阶，爬台阶爬到一定程度就累积成一层楼，一层一层累积到一定程度就会到达楼顶。这种设置使得学生在“爬”每层楼梯后都有收获的感觉，每个子任务依序完成后，项目就会得到最终的结果。内容通俗易懂，由浅入深，突出重点，重在应用。

本书由郭韶升、张炜担任主编，曹玲、丁玉忠参加编写。其中实验部分由张炜完成；实验参考答案、实训部分和最后的整理工作由郭韶升完成；曹玲、丁玉忠对程序代码进行了录入、验证。实验部分参考答案在 Visual C++6.0 环境下完成。该书在出版前已经青岛科技大学软件工程、计算机科学与技术、信息工程、通信工程、集成电路开发与集成设计、物联网工程专业试用。在试用过程中得到孙丽珺副教授、秦玉华副教授、唐松生副教授、王海红副教授、包淑萍副教授的大力支持，在此表示诚挚的感谢。

本书中用到的源代码可提供给有需要的院校使用，请发送邮件至 cipedu@163.com 索取。

由于编者水平所限，本书不足之处在所难免，恳请广大读者和专家批评指正。

编　者

目录

第1部分　实　验

第 2 部分 实 训

第 3 部分 实验参考答案

第1部分　实　验

实验 1

C 语言入门及选择结构

实验 1.1 Visual C++6.0 开发环境

一、实验目的

（1）熟悉 C 语言的系统环境，掌握在集成环境中编辑、编译、连接和运行 C 语言程序的方法；

（2）掌握 C 语言源程序的结构特点与书写规范。

二、实验学时数

2 学时。

三、实验步骤

（一）Visual C++6.0 集成环境

（1）运行 Visual C++6.0（以下简称 VC++6.0）

① 双击桌面上的 VC++6.0 快捷方式，运行 VC++6.0。

② 双击“C:\Microsoft Visual Studio\Common\MSDev98\Bin\MSDEV.EXE”，运行 VC++6.0。

（2）认识 VC++6.0　如图 1-1 所示：界面最上方为标题栏，标题栏的左侧显示当前的文件名，右侧有最小化、最大化和关闭三个按钮。位于标题栏下方的是菜单栏，菜单栏包含了开发环境中几乎所有的命令，其中一些常用的命令还被排列在工具栏中。菜单栏的下方显示的一系列图形按钮的区域为工具栏，工具栏上的按钮和菜单中的命令相对应，工具栏提供一些常用命令快捷方式。

项目工作区窗口包含有 Class View 和 File View 两个页面。项目工作区右边是 C 语言源代码编辑区,下方是编译结果输出区.

（3）建立 C 语言源文件　单击[文件]-[新建]，单击[文件]选项卡，新建一个 C++ Source File，选择存储位置（新建立的文件夹 D:\test），输入文件名“myhello.c”，进入 D:\test，可以看到新建的文件 myhello.c，如图 1-2 所示。

（4）输入 C 语言源程序　在打开的程序编辑窗口输入 C 语言源程序，如图 1-3 所示。

（5）编译　点击[组建]-[编译]，或按 Ctrl+F7 进行预编译，或用工具栏工具编译，编译成功生成.obj 目标文件（myhello.obj），显示在输出窗口，如图 1-4 所示。

（6）连接　点击[组建]-[连接]命令，或按 F7，或使用鼠标左键单击“连接按钮”执行连接操作。连接成功生成扩展名为.exe 的文件，如图 1-5 所示。

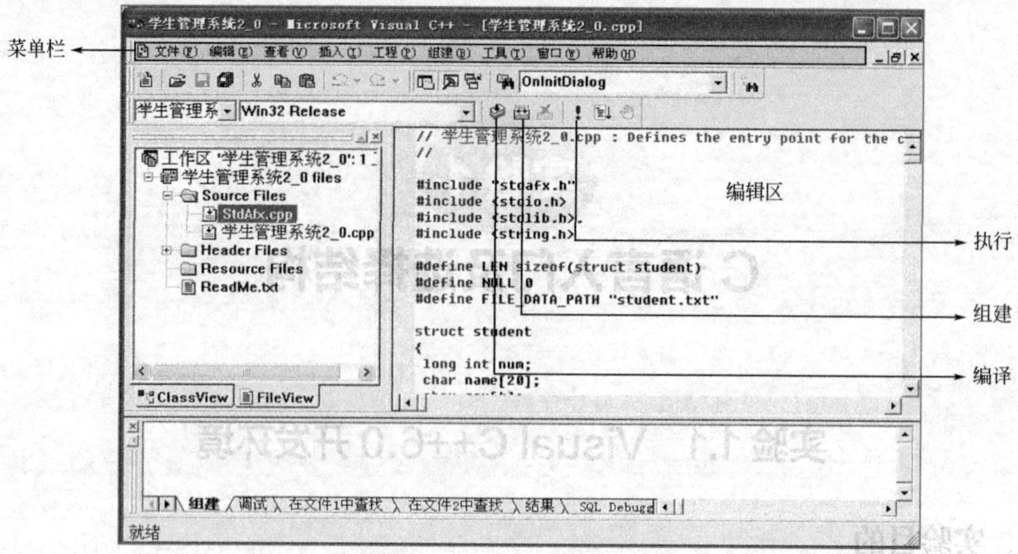

图 1-1　VC++6.0 编译运行主界面

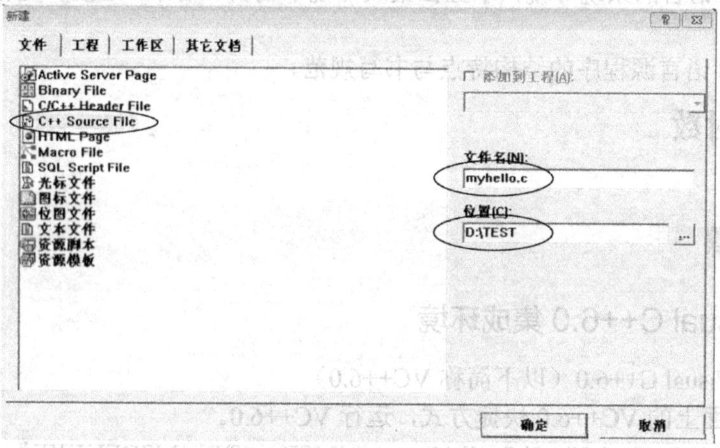

图 1-2　VC++6.0 新建文件界面

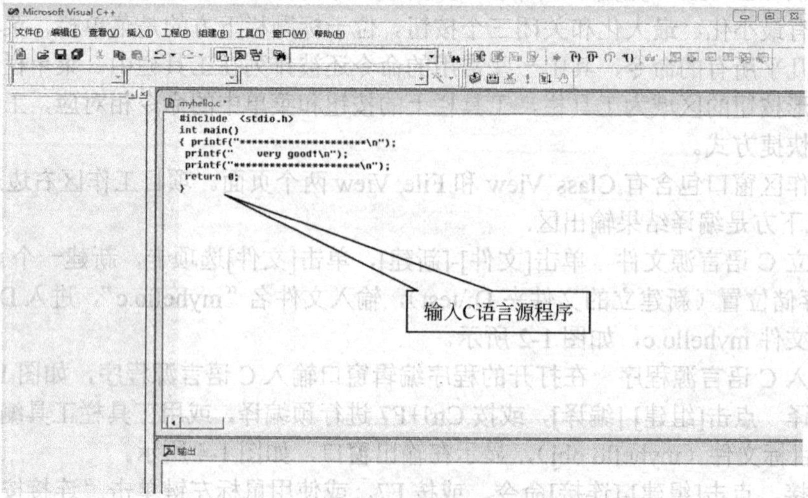

图 1-3　编辑界面

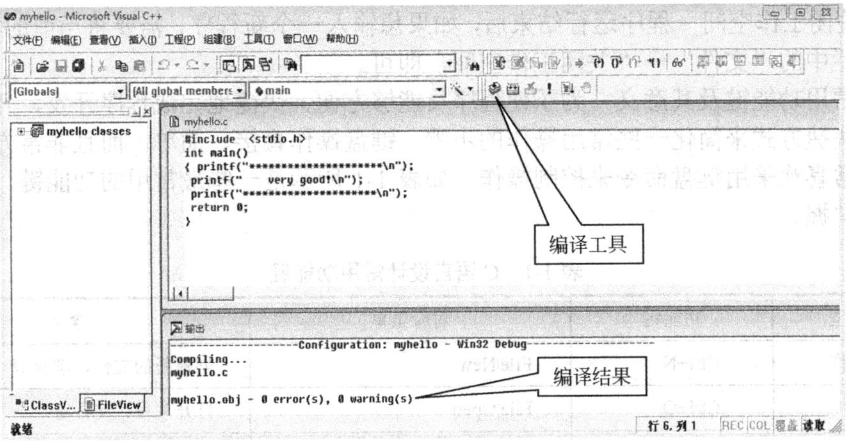

图 1-4　编译界面

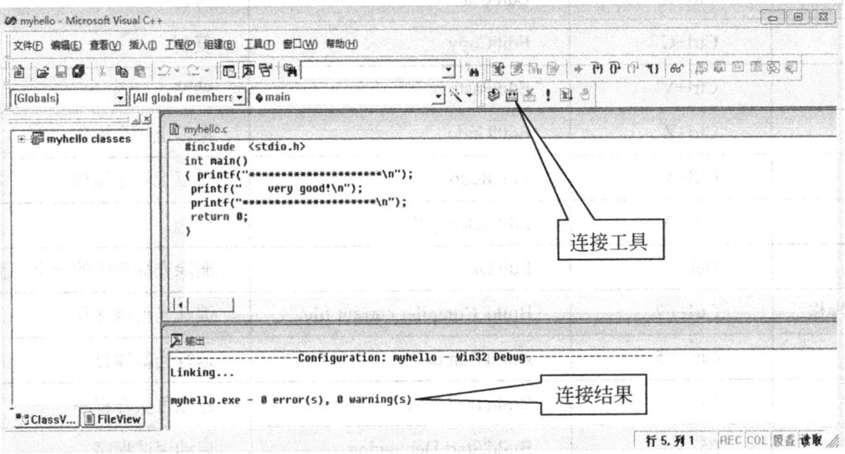

图 1-5　连接界面

（7）执行　点击[组建]-[执行]命令，或按 Ctrl+F5，或使用鼠标左键单击“执行按钮”完成执行操作。完成后界面如图 1-6 所示。

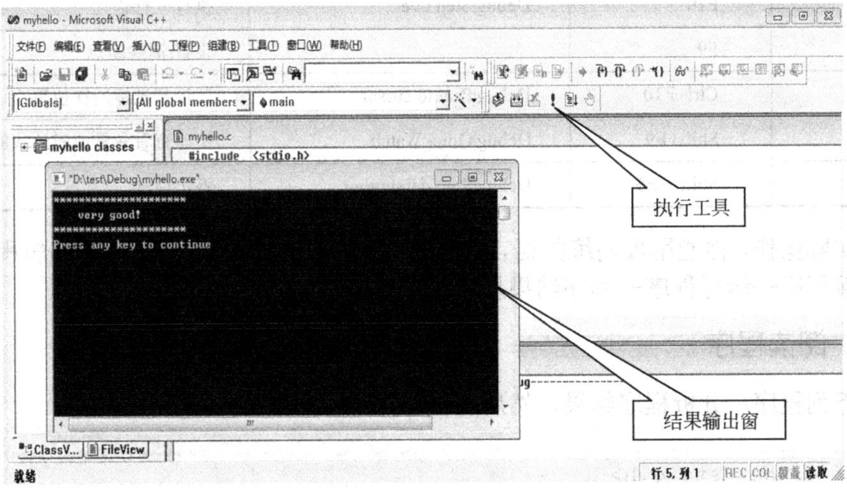

图 1-6　执行界面

（8）关闭工作空间　程序运行结束后，如果想输入一个新程序，需要将当前的程序关闭，选择菜单栏中的“文件”→“关闭工作空间”即可。

（9）常用功能键及其意义　为了使程序员能够方便、快捷地完成程序开发，开发环境提供了大量快捷方式来简化一些常用操作的步骤。键盘操作直接、简单，而且非常方便，因而程序员非常喜欢采用键盘命令来控制操作。如表 1-1 所示是一些最常用的功能键，希望在实验中逐步掌握。

表 1-1　C 语言设计常用功能键

操作类型	功能键	对应菜单	含义
文件操作	Ctrl+N	File|New	创建新的文件、项目等
	Ctrl+O	File|Open	打开项目、文件等
	Ctrl+S	File|Save	保存当前文件
编辑操作	Ctrl+X	Edit|Cut	剪切
	Ctrl+C	Edit|Copy	复制
	Ctrl+V	Edit|Paste	粘贴
	Ctrl+Z	Edit|Undo	撤消上一个操作
	Ctrl+Y	Edit|Redo	重复上一个操作
	Ctrl+A	Edit|Select All	全选
	Del	Edit|Del	删除光标后面的一个字符
建立程序操作	Ctrl+F7	Build| Compiler current file	编译当前源文件
	Ctrl+F5	Build|Run exe	运行当前项目
	F7	Build|Build exe	建立可执行程序
	F5	Build|Start Debugging	启动调试程序
调试	F5	Debug|Go	继续运行
	F11	Debug|Step into	进入函数体内部
	Shift+F11	Debug|Step out	从函数体内部运行出来
	F10	Debug|Step over	执行一行语句
	F9		设置/清除断点
	Ctrl+F10	Debug|Run to cursor	运行到光标所在位置
	Shift+F9	Debug|QuickWatch	快速查看变量或表达式的值
	Shift + F5	Debug|Stop debugging	停止调试

经过实际操作，你能用最简练的语言描述从新建一个 C 语言的源文件—编辑程序—编译程序—连接程序—运行程序—程序结果显示的全过程吗？

（二）阅读程序

阅读下列程序，分析程序结果，然后上机运行。

```
(1) #include <stdio.h>
    int main()
```

```
{
    printf("*********************\n");
    printf("    Hello world!\n");
    printf("*********************\n");
    return 0;
}
```

分析结果	
运行结果	

思考：如何在保证功能不变的基础上，将上述三条调用printf函数的输出语句合并为一条调用printf函数输出语句。


```
(2) #include <stdio.h>
    int main()
    {
        int a,b,sum,minus;
        a=456;
        b=123;
        sum=a+b;
        minus=a-b;
        printf("a+b=%d\na-b=%d\n",sum,minus);
        return 0;
    }
```

分析结果	printf中删除a+b=和a−b=	输出结果:
	printf中删除第一个\n	输出结果:
运行结果	printf中删除a+b=和a−b=	输出结果:
	printf中删除第一个\n	输出结果:

（三）完成程序

依据题目要求，分析已给出的语句，填写空白完成程序功能。不能增行、删行、改动程序的结构。

（1）求（$a-b$）×c的值。（设a=33，b=22，c=11）

```
#include <stdio.h>
int main( )
{
```

```
    int a,b,c;
    a=33;
    ______①______;
    c=11;
    printf("%d\n",(a-b)*c);
    return 0;
}
```

（2）求圆的面积。

```
#include <stdio.h>
#define PI 3.14
int main( )
{
    float r,area;
    printf("\n Enter  r  value:");
    scanf("%f",&r);
    area=PI*r*r;
    printf(" \n area=%f\n",______②______);
    return 0;
}
```

（四）调试程序

运行下列程序，若有错，指出错误之处并改正，然后写出运行结果；若程序正确，直接写出运行结果。

```
#include <stdio.h>
int main( )
{
    int x;
    x=5,y=8;
    printf("\n%d,%d,%d\n",x,(x+5)*2,y);
    return 0;
}
```

错	错误：
	改为：
运行结果	输出结果:：

（五）编写程序

（1）请用 C 程序告诉大家：你来自哪里？有什么爱好？

（2）输出以下图案。

```
*
**
***
```

（六）分析与讨论

（1）总结自己在编程过程中出现频率较高的错误、系统给出的提示信息以及解决的对策。分析讨论对策成功或失败的原因。

序号	错误	提示	改错
1			
2			
3			
4			
5			

（2）总结 C 程序的结构和书写规则。

实验 1.2　C 程序快速入门

一、实验目的

（1）掌握标识符、变量与常量的定义；

（2）掌握 C 语言数据类型的种类和作用；

（3）熟悉如何定义一个整型、字符型、实型变量，以及对它们赋值的方法，了解以上类型数据输出时所用的格式转换符；

（4）掌握不同的类型数据之间赋值的规律；

（5）掌握输出、输入函数的使用及格式控制；

（6）进一步熟悉 C 程序语句和程序的结构特点，学习简单程序的编写方法。

二、实验学时数

2 学时。

三、实验步骤

（一）阅读程序

阅读下列程序，分析程序结果，然后上机运行。

```
(1) #include <stdio.h>
    int main()
    {
       char c1,c2;
       c1=97;
       c2=98;
       printf("%c,%c\n",c1,c2);
       return 0;
    }
```

① 在“printf("%c,%c\n",c1,c2);”下一行添加“printf("%d,%d\n",c1,c2);”语句并运行。

分析结果	
运行结果	

② 在第①步的基础上，将“char c1,c2;”改为语句“int c1,c2;”并运行。

分析结果	
运行结果	

③ 在第①步的基础上，将“c1=97; c2=98;”改为“c1=321;c2=400;”语句并运行。

分析结果	
运行结果	

（2）当输入的数据为10时，分析并运行该程序，写出分析及运行结果。

```
#include <stdio.h>
int main()
{
    float x;
    scanf("%f",&x);
    printf("\n2.4*x-1/2=%f",2.4*x-1.0/2);
    printf("\nx%%2/5-x=%f",(int)(x)%2/5-x);
    printf("\n(x-=x*10,x/=10)=%d\n",(x-=x*10,x/=10));
    return 0;
}
```

分析结果	
运行结果	

（二）完成程序

依据题目要求，分析已给出的语句，要求在不增行、删行和改变程序结构的前提下通过补充完整空白之处语句，使程序能够满足题目要求。

（1）求任意输入字符的ASCII码。

```
#include <stdio.h>
int main( )
{
    ______①______;          //变量的定义
```

```
    printf("请输入一个字符：");
    scanf("%c", &a);
    b=(int)a;
    printf("\n%c的ASCII码为%d\n",a,b);
    return 0;
}
```

（2）输出任意一个十进制数对应的八进制、十六进制数。

```
#include<stdio.h>
int main( )
{
    int a;
    scanf("%d", &a);
    printf("\n%d(10) ,%o(8), %x(16)\n",______②______);
    return 0;
}
```

（三）调试程序

下列程序是否正确？若有错，写出错在何处。经调试正确后写出运行结果。

（1）阅读程序并改错。

```
#include <stdio.h>
int main( )
{
    int u=v=98;
    printf("u=%d,v=%d\n",u,v);
    return 0;
}
```

错	错误：
	改为：
运行结果	输出结果：

（2）键盘输入任意两个整数，计算这两个整数的平均值。

```
#include <stdio.h>
int main()
{
    int x,y,a;
    scanf("%x,%y",&x,&y);
    a=(x+y)/2;
```

```
    printf("The average is %d:\n", a);
    return 0;
}
```

错	错误：	
	改为：	
调试后的结果	输入数据 2,6 1,4 −1,−3 −2,4 2,0	输出结果：

（四）编写程序

（1）编写一个程序，从键盘输入某品牌相应型号电视机的商场标价，再输出该价格打 7 折后的实际售卖价格。

分析：必须设计一个整型变量接收从键盘输入的值，输入、输出应该有提示。

（2）编写一个程序，求一元一次方程 $ax+b=0$ 的根。

分析：a、b 的值从键盘输入，输入时 a 的值不能为 0（无解），方程的根即 x 的值为 $-b/a$。

实验 1.3　算术运算与赋值运算

一、实验目的

（1）掌握算术运算符和算术表达式；

（2）熟练掌握赋值运算符、复合的赋值运算符；

（3）熟练掌握自增 1 和自减 1 运算符；

（4）熟练掌握顺序结构的程序设计，能够编写简单的应用程序。

二、实验学时数

2 学时。

三、实验步骤

（一）阅读程序

阅读下列程序，分析程序结果，然后上机运行。

（1）
```
#include <stdio.h>
int main()
{
```

```
        int i, j, m, n ;
        i=8; j=10;
        m=++i;
        n=j++;
        printf("%d, %d, %d, %d\n",i, j, m, n);
        return 0;
    }
```

①

分析结果	
运行结果	

② 将 m=++i; n=j++; 改为：m=i++;n=++j;

分析结果	
运行结果	

③ 程序改为：

```
#include <stdio.h>
int main()
{
    int i , j , m=0 , n=0 ;
    i=8; j=10;
    m+=i++;
    n-=--j;
    printf("%d, %d, %d, %d\n", i, j, m,n);
    return 0;
}
```

分析结果	
运行结果	

（2）
```
#include <stdio.h>
int main( )
{
    int a=17;
    float u=1234.567f;
    printf("%d,%7d,%-7d\n",a,a,a);
    printf("%f,%7.2f\n",u,u);
    return 0;
}
```

分析结果	
运行结果	

（3）

```
#include <stdio.h>
int main( )
{
    int a,x,y;
    x=(a=2,6*2);
    y=a=2.6 *a;
    printf("x=%d,y=%d\n",x,y);
    return 0;
}
```

分析结果	
运行结果	

（4）输入25，13，10分析并运行该程序。

```
#include <stdio.h>
int main( )
{
    int x,y,z;
    scanf("%d%d%d", &x,&y,&z);
    printf("x+y+z=%d\n", x+y+z);
    return 0;
}
```

分析结果	
运行结果	

（二）完成程序

按照给定题目要求，参照出现的语句，填写程序空白处。

（1）键盘输入任意一个小写字母，将其转换成大写字母，然后输出。

```
#include<stdio.h>
int main( )
{
    char c1,c2;
    c1=getchar( );
```

```
    c2=________①________;
    putchar(c2);
    putchar('\n');
    return 0;
}
```

（2）求$\frac{(a+b)\times 4}{a\times b}$的值。（设 a=25，b=5）

```
#include<stdio.h>
int main( )
{
    float a=25,b=5,c;
    c= ________②________;
    printf("c=%f\n ",c);
    return 0;
}
```

（三）调试程序

分析下列程序，若有错，指出错误之处并改正，然后写出运行结果；若程序正确，直接写出运行结果。

（1）
```
#include <stdio.h>
int main( )
{
    int i,k;
    i=8;
    k=5*I*I;
    printf("%d\n",k);
    return 0;
}
```

<table>
<tr><td rowspan="2">错</td><td>错误:</td></tr>
<tr><td>改为:</td></tr>
<tr><td>运行结果</td><td></td></tr>
</table>

（2）输入一个三位数，然后进行个位和百位的置换，如234，转换成432。

```
#include <stdio.h>
int main( )
{
    int m, n, a, b, c;
    scanf("%d",n);
    a=n%10;
    b=(n/10)%10;
```

```
    c=(n/100)%10;
    m=100*a+10*b+c;
    printf("%d=>%d\n ",n,m);
    return 0;
}
```

错	错误：	
	改为：	
运行结果		

（四）编写程序

（1）编程求出某学生期末三门课程的总分及平均分,结果保留小数点后一位。

（2）从键盘输入两个整数分别给变量 a 和 b，分别写出不借助于其他变量和借助于其他变量的条件下，将变量 a 和 b 的值实现交换（提示：利用"+""−"运算）。

（3）编写一个程序，其功能为：从键盘上输入一个浮点数，然后分别输出该数的整数部分和小数部分。

分析：若输入的浮点数存入 fd 变量，则可用强制类型转换运算符，将输入的该数的整数部分取出：zhs=(int)fd。

（4）从键盘输入三角形的三条边 a,b,c 的值，计算三角形的面积，程序框架如下：

```
#include <stdio.h>
#include <math.h>
int main()
{
    定义变量
    从键盘输入 a,b,c 三条边的值
    计算 s 的值
    计算三角形面积
    输出结果
}
```

（5）编程序计算数学表达式 b^2-4ac,a,b,c 的值从键盘输入。

（6）编程序计算 298 秒是几分几秒。

提示：设 int x=298；再定义两个变量存放分（m）、秒（s）值；则，m=x/60;s=x%60。

（7）从键盘输入一个三位数，求各位数字之和。例如，输入的三位数为 358，则输出结果为 3+5+8=16 。

提示：题目的关键是要求出该数的个、十、百位上的数字，可利用 C 语言整数相除结果仍为整数的特点。若设该数为 data，它的个、十、百位为 g、s、b，则 b=data/100; s=(data−b*100)/10;g=data%10。

实验1.4　逻辑运算及if语句

一、实验目的

（1）掌握关系、条件、逻辑运算符及关系、条件、逻辑表达式；
（2）掌握逗号运算符和逗号表达式；
（3）熟练掌握三种单分支、双分支和多分支if语句；
（4）掌握if语句的嵌套。

二、实验学时数

2学时。

三、实验步骤

（一）阅读程序

阅读下列程序，分析程序结果，然后上机运行。

（1）
```
#include <stdio.h>
int main()
{
    int i , j , m=0 , n=0 ;
    i=8;
    j=10;
    m+=i++;
    n-=--j;
    printf("%d,%d \n",(i,j,m),n);
    return 0;
}
```

分析结果	
运行结果	

（2）
```
#include <stdio.h>
int main()
{
    int x=10,y=9,a,b,c;
    a=(--x==y++)?--x:++y;
    b=x++;
    c=y;
    printf("a=%d,b=%d,c=%d\n",a,b,c);
    return 0;
}
```

分析结果	
运行结果	

（3）输入12，分析并运行该程序。

```
#include <stdio.h>
int main()
{
    int x,y;
    scanf("%d",&x);
    y=x>12?x+10:x-12;
    printf("y=%d\n",y);
    return 0;
}
```

分析结果	
运行结果	

（4）
```
#include <stdio.h>
int main( )
{
    int a=10,b=60,c;
    c=30;
    if(a>b)
        a=b;
    b=c;
    c=a;
    printf("a=%d,b=%d,c=%d\n" , a , b, c );
    return 0;
}
```

分析结果	
运行结果	

（5）
```
#include <stdio.h>
int main()
{
    int x=60,a=30,b=20;
    int v1=3,v2=8;
    if (a<b)
      if (b!=15)
        if (!v1)
```

```
          x=1;
        else
          if (v2)
            x=10;
      x=-2;
      printf("%d\n", x);
      return 0;
  }
```

分析结果	
运行结果	

（二）完成程序

按照给定题目要求，参照出现的语句，填写程序空白处。

（1）输入一个字符，如果它是一个大写字母，则把它变成小写字母；如果它是一个小写字母，则把它变成大写字母；其他字符不变。请在_______上填写正确内容。

```
#include <stdio.h>
int main()
{
    char  ch ;
    scanf("%c",&ch);
    if (_________①_________)
        ch=ch+32;
    else  if (ch>='a' && ch<='z' )
            _________②_________;
    printf("%c\n" ,ch);
    return 0;
}
```

（2）以下程序根据输入的三条边长度判断能否构成三角形，若能构成三角形则计算并输出三角形的面积及三角形的类型。请在_______上填写正确内容。

```
#include <stdio.h>
#include <math.h>
int main()
{
    float  a, b , c ;
    double  s , area ;
    scanf("%f %f %f" , &a, &b ,&c);
    if (__________③__________)        //判断能否构成三角形
    {
        s=(a+b+c)/2;
        area= sqrt(s*(s-a)*(s-b)*(s-c));
        printf("三角形的面积为: %f\n",area);
        if (__________④__________)
```

```
            printf("等边三角形\n");
        else
            if (______⑤______)
                printf("等腰三角形\n");
            else
                if((a*a+b*b==c*c)|| (a*a+c*c==b*b)|| (c*c+b*b==a*a))
                    printf("直角三角形\n");
                else
                    printf("一般三角形\n");
    }
    else
      printf("不能组成三角形\n");
    return 0;
}
```

（三）调试程序

运行下列程序，若有错，指出错误之处并改正然后写出运行结果；若程序正确，直接写出运行结果。

（1）以下程序实现求分段函数。

$$y=\begin{cases}x-1, & x\leqslant -1\\ 2x, & -1<x\leqslant 3\\ x(x+2), & 3<x\leqslant 9\\ -1, & x>9\end{cases}$$

```
#include <stdio.h>
int main()
{
    int x ,y;
    scanf("%d",&x);
    if (3<x<=9)
        y=x*(x+2);
    else if (-1<x<=3)
          y=2*x;
        else if (x<=-1)
            y=x-1;
          else
            y=-1;
    printf("%d\n", y);
    return 0;
}
```

<table>
<tr><td rowspan="2">错</td><td>错误：</td></tr>
<tr><td>改为：</td></tr>
<tr><td rowspan="2">运行结果</td><td>输入数据：4　2　1　-3　10</td></tr>
<tr><td>对应的输出结果：</td></tr>
</table>

（2）有一函数关系如下：

$$y=\begin{cases}x-3, & x<0\\ 0, & x=0\\ x+3, & x>0\end{cases}$$

以下程序表示上面的函数关系。

```
#include <stdio.h>
int main()
{
    int x ,y ;
    scanf("%d",&x);
    y=x-3;
    if (x!=0)
      if (x>0)
        y=x+3;
      else
        y=x;
    printf("y=%d\n" , y);
    return 0;
}
```

错	错误：	
	应改为：	
运行结果	输入数据：5　0　-3	
	输出结果：	

（四）编写程序

（1）输入某学生的成绩（成绩为 100 分制，可以为 89.5 分，如果输入的成绩不在 0～100 分之间，请给出出错提示），经处理后给出学生的等级，等级分类如下。

90 分以上（包括 90）：　A。
80～90 分（包括 80）：　B。
70～80 分（包括 70）：　C。
60～70 分（包括 60）：　D。
60 分以下：　　　　　　E。

（2）输入一个三位的正整数，判断该数是否为水仙花数（水仙花数指的是一个三位数，其各位数字的立方和等于该数本身。例如：153 是一个水仙花数，因为 153=1^3+5^3+3^3）。

实验 1.5　switch 语句

一、实验目的

（1）熟练掌握 switch 语句；

（2）掌握省略 break 的 case 语句的执行方式；

（3）比较 if 语句的嵌套及 if、switch 多路分支语句。

二、实验学时数

2 学时。

三、实验步骤

（一）阅读程序

阅读下列程序，分析程序结果，然后上机运行。

```
#include <stdio.h>
int main()
{
    int i=1;
    switch(i)
    {
        case 1: printf("%d\t",i++);
        case 2: printf("%d\t",i++);
        case 3: printf("%d\t",i++);
        case 4: printf("%d\t",i++);
    }
    printf("\ni=%d\n",i);
    return 0;
}
```

分析结果	
运行结果	

（二）完成程序

按照给定题目要求，参照出现的语句，填写程序空白处。

（1）以下程序实现的功能是：

$$y=\begin{cases}-1, & x<0\\0, & x=0\\1, & x>1\end{cases}$$

请将以下程序补充完整。

```
#include <stdio.h>
int main ( )
{
    int x,y;
    scanf ("%d", &x);
    switch( x<0?1:0 )
    {
        case 1:_____①_____;  break;
        case 0:  switch(x==0?1:0)
               {
                   case 1: y=0; break;
                   case 0: y=1;
               }
    }
    printf("y=%d\n" ,y);
    return 0;
}
```

（2）用 switch 语句编写一个处理四则运算的程序。

```
#include<stdio.h>
int main ()
{
    float v1,v2;
    char op;
    printf("please type your expression:\n");
    scanf("%f%c%f", &v1,&op,&v2);
    switch (___②___)
    {
        case '+': printf("%.1f+%.1f=%.1f\n",v1,v2,v1+v2); break;
        case '-': printf("%.1f-%.1f=%.1f\n",v1,v2,v1-v2); break;
        case '*': printf("%.1f*%.1f=%.1f\n",v1,v2,v1*v2); break;
        case '/': if(___③___)
                {
                    printf("除数为零\n");
                    break;
                }
                else
                {
                    printf("%.1f/%.1f=%.1f\n",v1,v2,v1/v2);
                    break;
                }
        default:printf("运算符错误\n");
    }
    return 0;
}
```

（3）输入某年某月某日，判断这一天是这一年的第几天。

程序分析：以 3 月 5 日为例，应该先把前两个月的天数加起来，然后再加上 5 天即本年的第几天，特殊情况，闰年且输入月份大于 3 时需考虑多加一天。

```
#include <stdio.h>
int main()
{
 int day,month,year,sum,leap;
printf("\nplease input year,month,day\n");
scanf("%d,%d,%d",&year,&month,&day);
switch(month)    /*先计算某月以前月份的总天数*/
{
   case 1:____④____;     break;
   case 2: sum=31;       break;
   case 3: sum=59;       break;
   case 4: sum=90;       break;
   case 5: sum=120;      break;
   case 6: sum=151;      break;
   case 7: sum=181;      break;
   case 8: sum=212;      break;
   case 9: sum=243;      break;
   case 10: sum=273;     break;
   case 11: sum=304;     break;
   case 12: sum=334;     break;
   default:printf("data error");break;
   }
   sum=sum+day; /*再加上某天的天数*/
   if (year%400==0||(_____⑤_____))/*判断是不是闰年*/
      leap=1;
   else
      leap=0;
   if (_______⑥_______)
                /*如果是闰年且月份大于 2,总天数应该加一天*/
   _____⑦_____;
   printf("It is the %dth day. \n ",sum);
   return 0;
}
```

（三）编写程序

（1）4 种水果（[1]苹果，[2]梨，[3]橘子，[4]芒果）单价分别是 2.0 元/千克、2.5 元/千克、3.0 元/千克、4.5 元/千克，请输入水果编号、重量，计算应付款。

（2）从键盘输入 1～7，显示输出该日期对应的英文日期（Monday,Tuesday,Wednesday,Thursday,Friday,Saturday,Sunday）名称。

（3）已知某公司员工的保底薪水为 500 元，某月所接工程的利润 p 与利润提成的关系如下（计量单位：元）。计算该公司员工的薪水是多少。

$p \leqslant 1000$：　　没有提成。
$1000 < p \leqslant 2000$：　　提成 10%。
$2000 < p \leqslant 5000$：　　提成 15%。
$5000 < p \leqslant 10000$：　　提成 20%。
$10000 < p$：　　提成 25%。

实验 2

循环结构及数组

实验 2.1　循环结构

一、实验目的

（1）掌握 while，do-while，for 循环语句的使用与区别；
（2）掌握循环条件、循环体、循环终止等循环要素；
（3）理解循环执行过程；
（4）熟练使用循环语句编写程序。

二、实验学时数

2 学时。

三、实验步骤

（一）阅读程序

阅读下列程序，分析程序结果，然后上机运行。

（1）
```
#include <stdio.h>
int main()
{
    int a=2,b=8;
    while(b--<0)
       b-=a ;
    a++ ;
    printf("a=%d,b=%d\n",a,b);
    return 0;
}
```

分析结果	
运行结果	

（2）
```
#include <stdio.h>
int main()
```

```
{
    int x=2 , y=6 , z=3;
    do
       y=y-1;
    while(z-->0&&++x<5);
    printf("x=%d\t y=%d\t z=%d\n",x,y,z);
    return 0;
}
```

分析结果	
运行结果	

（3）
```
#include <stdio.h>
int main()
{
    int n=0;
    while(n<=2)
    {
       n++;
       printf("%d\n",n);
    }
    return 0;
}
```

分析结果	
运行结果	

（4）
```
#include <stdio.h>
int main( )
{
    int a=0,j;
    for(j=0;j<4;j++)
    {
       switch( j )
       {
          case 0:
          case 3: a+=2; break;
          case 1:
          case 2: a+=3; break;;
          default:a+=5; break;
       }
    }
    printf("%d\n",a);
    return 0;
}
```

分析结果	
运行结果	

(5)
```
#include <stdio.h>
int main( )
{
    int i;
    for(i=1;i<6;i++)
    {
        if(i%2)
        {
            printf("#");
            continue;
        }//if
        printf("*");
    }//for
    printf("\n");
    return 0;
}
```

分析结果	
运行结果	

(6)
```
#include <stdio.h>
int main()
{
    int s=0,t,i,j;
    for(i=1;i<=3;i++)
    {
        t=1;
        for(j=1;j<=2*i-1;j++)
            t=t*j;
        s=s+t;
    }
    printf("%-5d\n",s);
    return 0;
}
```

分析结果	
运行结果	

（7）
```
#include <stdio.h>
int main()
{
    int y,a;
    y=2;a=1;
    while(y--!=-1)
    {
        do
        {
            a*=y;
            a++;
        }while(y--);
    }
    printf("%d,%d\n",a,y);
    return 0;
}
```

分析结果	
运行结果	

（二）完成程序

依据题目要求，分析已给出的语句，填写空白。但是不要增行或删行，改动程序的结构。

（1）以下程序的功能是计算正整数 2345 的各位数字平方和，请在_____上填写正确内容。

```
#include <stdio.h>
int main()
{
    int n,sum=0;
    n=2345;
    do
    {
        sum = sum + ______①______;
        n= ______②______;
    } while( n) ;
    printf("sum=%d\n",sum);
    return 0;
}
```

（2）以下程序的功能是计算 S=2+4+8+16+…+128，请在________上填写正确内容。

```
#include <stdio.h>
int main()
{
    int a=2,s=0,n=1,count=1;
    while(count<=7)
```

```
    {
        ______③______;
        s = s + n ;
        ______④______;
    }
    printf("s = %d\n",s );
    return 0;
}
```

（3）一个数如果恰好等于它的因子之和，这个数就称为完数。求100之内的所有完数。请在________上填写正确内容。

```
#include  <stdio.h>
int main()
{
    int n,s,j;
    for(n=1;n<=______⑤______;n++)
    {
        s=______⑥______;
        for(j=1;j<n;j++)
            if(n%j==0)
                s=s+j;
            if(______⑦______)
                printf(" %d\n",s);
    }//for
    return 0;
}
```

（4）以下程序的功能是打印图1-7所示图形，请在________上填写正确内容。

图1-7　程序需打印图形

```
#include <stdio.h>
#define N 10
int main()
{
    int i,j;
    for(i=1;i<=4;i++)
    {
        for(j=1;j<=______⑧______;j++)
            printf(" ");
        for(j=1;j<=______⑨______;j++)
            printf("*");
        printf("\n");
    }
```

```
    return 0;
}
```

（5）以下程序功能是完成用 10 元人民币换成 1 角、2 角、5 角的所有兑换方案，请在________上填写正确内容。

```
#include <stdio.h>
int main()
{
    int i,j,k,n=0;
    for(i=0;i<=20;i++)
    for (j=0;j<=50;j++)
        for(_____⑩_____)
            if (_____⑪_____)
            {
                _____⑫_____;
                printf(" 第%3d种: %3d  %3d  %3d",n,i,j,k);
                if(n%3==0)
                    printf (" \n ");
            }//if
    return 0;
}
```

（三）调试程序

运行下列程序,若有错,写出错误之处并改正，然后写出运行结果；若程序正确，直接写出运行结果。

（1）以下程序输出 99～50（包括 99 和 50）之间的数，每行输出 10 个。

```
#include <stdio.h>
int main()
{
    int k=100;
    while(k>50)
    {
        printf( "%d,",k);
        if (k%10==0)
        printf("\n");
    }
    printf("\n");
    return 0;
}
```

<table>
<tr><td rowspan="2">错</td><td>错误：</td></tr>
<tr><td>改为：</td></tr>
<tr><td>运行结果</td><td></td></tr>
</table>

（2）下面程序的功能是计算 $n!$。

```
#include<stdio.h>
int main()
{
    int i,n;
    int s=1;
    printf("Please enter n:");
    scanf("%d",&n);
    for(i=1;i<=n;i++)
        s=s*i;
    printf("%d! = %d\n",n,s);
    return 0;
}
```

错	错误：	
	改为：	
运行结果	输入数据：1　5　9　12　15	
	输出结果：	

（3）以下程序输出 1～100 的数字。

```
#include <stdio.h>
int main()
{
    int i =100;
    while( 1 )
    {
        i=i%100+1;
        printf("%4d",i ) ;
        if ( i%10==0 )
            printf (" \n ") ;
        if ( i>100)
            break ;
    }
    return 0;
}
```

错	错误：
	改为：
运行结果	

（四）编写程序

（1）While 实现。

① 妈妈给小明买了若干块巧克力，小明第一天吃了一半，还不过瘾，又多吃了一块，第二天又将剩下的巧克力吃掉一半，又多吃一块，以后每天都吃了前一天剩下的一半零一块。到第 10 天再想吃时，只剩下一块了。编程计算：妈妈总共给小明买了多少块巧克力？

② 一位百万富翁遇到一个陌生人，陌生人找他谈一个换钱的计划。该计划如下：我每天给你十万元，而你第一天只需给我一分钱，第二天我仍给你十万元，你给我二分钱，第三天我仍给你十万元，你给我四分钱……你每天给我的钱是前一天的两倍，直到满一月（30 天），百万富翁很高兴，欣然接受了这个契约。请编写一个程序计算：这一个月中陌生人给了百万富翁多少钱？百万富翁给陌生人多少钱？

③ 译密码。为使电文保密，往往按一定规律将其转换成密码，收报人再按约定的规律将其译回原文。可以按以下的规律将电文变成密码：将字母 A 变成字母 E，a 变成 e，即变成其后的第 4 个字母，W 变成 A，X 变成 B，Y 变成 C，Z 变成 D。字母按上述规律转换，非字母字符不变。

④ 计算 1～20 之间的奇数之和和偶数之和。

（2）do…while 循环实现。

① 日本一位中学生发现一个奇妙的“定理”，请角谷教授证明，而教授无能为力，于是产生角谷猜想。猜想的内容是：任给一个自然数，若为偶数除以 2，若为奇数则乘以 3 加 1，得到一个新的自然数后按照上面的法则继续演算，若干次后得到的结果必然为 1，请编程验证。

② 统计一个整数的位数。从键盘输入一个整数，统计该数的位数。例如，输入 12345，输出 5；输入−99，输出 2。

（3）for 循环实现。

① 马克思手稿里有一道有趣的数学问题：有 30 个人，其中有男人、女人和小孩，在一家饭馆吃饭共花了 50 先令：每个男人花 3 先令，每个女人花 2 先令，每个小孩花 1 先令。问：男人、女人和小孩各有几人？

② 有一对兔子，从出生后第 3 个月起每个月都生一对小兔子，小兔子长到第 3 个月后每月又生一对小兔子，假如兔子都不死。问：20 个月内每个月的兔子总数为多少？

③ 输入一批学生的成绩，找出最高分。

④ 每个苹果 0.8 元，第 1 天买 2 个，从第 2 天开始，每天买前一天的 2 倍，直到当天购买的苹果个数的最大值不超过 100 为止，编写程序求每天平均花多少钱。

（4）循环嵌套。

① 计算 1!+2!+3!+…+100!，要求使用嵌套循环。

② 打印九九乘法表。格式：1*1=1。

实验 2.2　一维数组

一、实验目的

（1）掌握一维数组的定义；

（2）掌握一维数组的引用；

（3）掌握一维数组的初始化；

（4）熟练对一维数组元素进行输入输出。

二、实验学时数

2 学时。

三、实验步骤

（一）阅读程序

阅读下列程序，分析程序结果，然后上机运行。

```
#include <stdio.h>
int main()
{
    int a[]={1,2,3,4,5},i,j,s=0;
        j = 1;
        for ( i = 4 ; i>=0 ; i--)
        {
            s = s+ a[i] * j ;
            j = j * 10 ;
        }
        printf(" s= %d \n" , s );
        return 0;
}
```

分析结果	
运行结果	

（二）完成程序

依据题目要求，分析已给出的语句，填写空白。但是不要增行或删行，改动程序的结构。

（1）下面程序的功能是将十进制整数转换成二进制 ，请在________上填写正确内容。

```
#include <stdio.h>
int main()
{
    int k=0,n,num[16]={0};
    printf("输入要转换的十进制数:");
    scanf("%d",&n);
    printf ("%d 的十六位二进制表示是:",n);
    do
    {
        num[k]=____①____;
        n=n/2;
```

```
        ____②____;
    } while(n!=0);
    for(k=15;k>=0;k--)
        printf("%d",num[k]);
    printf("\n");
    return 0;
}
```

（2）设数组 a 的元素均为正整数，以下程序是求 a 中奇数的个数和奇数的平均值，请在________上填写正确内容。

```
#include<stdio.h>
int main()
{
    int a[10]={10,9,8,7,6,5,4,3,2,1};
    int count,sum,i;
    float ave;
    for(i=0,count=sum=0;i<10;i++)
    {
        if(____③____)
            continue ;
        sum+=____④____;
        count++;
    }
    if(count!=0)
    {
        ave=sum/count;
        printf ("%d,%f\n",count,ave);
    }
    return 0;
}
```

（三）调试程序

运行下列程序,若有错,写出错误之处并改正，然后写出运行结果；若程序正确，直接写出运行结果。

（1）以下程序实现的功能是输入 4 个数，求这 4 个数的和。

```
#include<stdio.h>
int main()
{
    int a(4)={4*0};
    int i;
    for (i=0;i<4;i++)
        scanf("%d",&a[i]);
    for (i=1;i<4;i++)
        a[0]=a[0]+a[i];
```

```
    printf( "%d ",a[0]);
    printf("\n");
    return 0;
}
```

错	错误:	
	改为:	
运行结果	输入数据 1 8 18 36	
	输出结果:	

（2）以下程序实现的功能是求 10 个元素的和。

```
#include<stdio.h>
int main()
{
    int  a[11],i;
    for(i=1;i<=10;i++)
        scanf ("%d",&a[i]);
    for (i=1;i<=10;i++)
        a[0]=a[0]+a[i];
    printf( "Sum=%d\n",a[0]);
    return 0;
}
```

错	错误:
	改为:
运行结果	输入数据：3 8 9 10 26 367 245 95 18 48
	输出结果:

（3）调试下列程序，使之具有如下功能：输入 10 个整数，按每行 3 个数输出这些整数，最后输出 10 个整数的平均值,写出调试过程。

```
#include <stdio.h>
int main( )
{
    int i,n=10,a[10];
    float ave;
    for(i=0;i<n;i++)
        scanf("%d",&a[i]);
    for(i=0;i<n;i++)
    {
        printf("%d  ",a[i]);
```

```
        if(i%3==0)
            printf("\n");
    }
    printf("\n");
    for(i=0;i!=n;i++)
        ave+=a[i];
    printf("ave=%f\n",ave/n);
    return 0;
}
```

上面给出的程序是完全可以运行的，但是运行结果是完全错误的。调试时请注意变量的初值问题、输出格式问题等。请使用前面实验所掌握的调试工具，指出程序中的错误并改正。

错	错误：
	改为：
运行结果	输入数据：1　2　3　4　5　6　7　8　9　10
	输出结果：

（四）编写程序

（1）有一个含有 20 个元素的整型数组，程序要完成以下功能。

① 调用 C 库函数中的随机函数给所有元素赋予 0～49 的随机数。

② 输出数组元素的值，5 个元素为一行。

③ 按顺序对下标为奇数的元素求和。

（2）将一个长度为 *N* 的一维数组中的元素按颠倒的顺序重新存放，注意在操作时，只能借助一个临时存储单元而不得另外开辟数组。

（3）试编制程序使数组中的数按照从小到大的次序排列（起泡法）。

（4）运行下列程序，测试下列数组的定义方式是否正确。通过这一实验，总结数组定义时应注意的问题。

```
① #include <stdio.h>
  int main()
  {
      int n;
      scanf("%d",&n);
      int a[n],sum=0,i;
      for(i=0;i<n;i++)
          sum+=a[i];
      printf("sum=%d",sum);
      return 0;
  }
```

②
```
#include <stdio.h>
int main()
{
    const int n=10;
    int a[n],i,sum=0;
    for(i=0;i<n;i++)
    {
        scanf("%d",&a[i]);
        sum+=a[i];
    }
    printf("sum=%d\n",sum);
    return 0;
}
```

③
```
#include <stdio.h>
#define M 10
int main()
{
    int a[M],i,sum=0;
    for(i=0;i<M;i++)
    {
        scanf("%d",&a[i]);
        sum+=a[i];
    }
    printf("sum=%d\n",sum);
    return 0;
}
```

④
```
#include <stdio.h>
int main()
{
    int a[2+2*4],i,sum=0;
    for(i=0;i<2+2*4;i++)
    {
        scanf("%d",&a[i]);
        sum+=a[i];
    }
printf("sum=%d",sum);
return 0;
}
```

⑤
```
#include <stdio.h>
#define M 2
#define N 8
int main()
{
    int a[M+N],i,sum=0;
```

```
    for(i=0;i<M+N;i++)
    {
        scanf("%d",&a[i]);
        sum+=a[i];
    }
    printf("sum=%d\n",sum);
    return 0;
}
```

（5）运行下面的 C 程序，运行结果说明了什么?

```
#include <stdio.h>
int main( )
{
    int num[5]={1,2,3,4,5};
    int i;
    for(i=0;i<=5;i++)
        printf("%d",num[i]);
    return 0;
}
```

（6）1983 年，在 ACM 图灵奖颁奖大会上，杰出的计算机科学家、UNIX 的鼻祖、C 语言的创始人之一、图灵奖得主 Ken Thompson 上台的第一句话是:“我是一个程序员,在我的 1040 表上，我自豪地写上了我的职业。作为一个程序员，我的工作就是写程序，今天我将向大家提供一个我曾经写过的最精练的程序。”这个程序如下:

```
#include <stdio.h>
char s[] = {'\t','0','\n','}',';','\n','\n','i','n','t',
        ' ','m','a','i','n','(',')','\n','{','\n',
        '\t','i','n','t',' ','i',';','\n','\t','p',
        'r','i','n','t','f','(','\"','c','h','a',
        'r',' ','\\','t','s','[',']',' ','=',' ',
        '{','\\','n','\"','}',';','\n','\t','f','o',
        'r','(','i','=','0',';','s','[','i',']',
        ';','i','+','+',')','\n','\t','\t','p','r',
        'i','n','t','f','(','\"','%','d',',','\\',
        'n','\"',',','s','[','i',']',')',';','\n',
        '\t','p','r','i','n','t','f','(','\"','%',
        's','\"',',','s',')',';','\n','\t','r','e',
        't','u','r','n',' ','0',';','\n','}','\n',
        0 };

int main() {
    int i;
    printf("char s[] = {\n"};
    for(i=0;s[i];i++)
        printf("%d,\n",s[i]);
```

```
        printf("%s",s);
        return 0;
    }
```

请上机运行这个程序，指出它的功能和运行结果。

实验 2.3　二维数组

一、实验目的

（1）掌握二维数组的定义；
（2）掌握二维数组的引用；
（3）掌握二维数组的初始化；
（4）熟练对二维数组元素进行输入输出。

二、实验学时数

2 学时。

三、实验步骤

（一）阅读程序

阅读下列程序，分析程序结果，然后上机运行。

（1）
```
#include<stdio.h>
int main()
{
    int k;
    int a[3][3] = {9,8,7,6,5,4,3,2,1} ;
    for (k=0;k<3;k++ )
        printf("%d  \n",a[k][2-k]);
return 0;
}
```

分析结果	
运行结果	

（2）
```
#include <stdio.h>
int main()
{
    int i, j, x=0, y=0, m;
    int a[3][3] = { 1, -2 , 0 , 4 , -5 , 6 , 2 , 4 };
    m = a [0][0] ;
    for (i=0 ;i < 3 ;i++)
```

```
        for (j = 0 ; j<3 ; j++ )
            if ( a[ i] [ j ] >m )
            {
                m = a[ i ][ j ] ;
                x = i ;
                y = j ;
            }
    printf(" ( % d , % d ) = % d \n", x , y,m );
    return 0;
}
```

分析结果	
运行结果	

（二）编写程序

（1）将 2×3 的矩阵（二维数组）***a***，转置后存入 3×2 的矩阵 ***b*** 中。

（2）求 3×4 矩阵所有外围元素之和。

（3）定义一个矩阵，从键盘输入数据为它赋值，然后找出矩阵中的最大、最小元素及其所在的行号和列号。

（4）求 5×5 矩阵下两条对角线上的各元素之和。

（5）操作符&用以求一个变量的地址，这在函数 scanf 中已经使用过了。现在要你设计一个程序，输出这一个 3×5 的二维数组各元素的地址,并由此说明二维数组中各元素是按什么顺序存储的。

实验 2.4　字符数组

一、实验目的

（1）掌握字符数组的定义；
（2）掌握字符数组的引用；
（3）掌握字符数组的初始化；
（4）熟练对字符数组元素进行输入输出；
（5）掌握常用的字符处理函数。

二、实验学时数

2 学时。

三、实验步骤

（一）阅读程序

阅读下列程序，分析程序结果，然后上机运行。

（1）
```
#include <stdio.h>
#include <string.h>
int main()
{
    char s1[50]= "I  am";
    char s2[ ]= " a student! " ;
    printf("%d\n", strlen(s2) );
    strcat(s1,s2);
    printf("%s\n",s1);
    return 0;
}
```

分析结果	
运行结果	

（2）
```
#include <stdio.h>
int main()
{
    char b[7]={ "67da12"};
    int i=0,s=0;
    for(i =0 ; b[i] >='0'&&b[i]<='9';i+=2)
  s=10*s+b[i] -'0';
  printf("%d\n",s);
  return 0;
}
```

分析结果	
运行结果	

（3）
```
#include <stdio.h>
int main()
{
    int  i= 0 ;
    char a[ ] = "cbm" ,b[ ] = "cqid", c[10] ;
    while (a[i]!='\0' && b[i] != '\0' )
    {
        if (a[i] >= b[i] )
            c[i] = a[i] -  32 ;
        else
            c[i] = b[i] -  32 ;
        ++i ;
    }
```

```
    c[i] = '\0';
    puts(c) ;
    return 0;
}
```

分析结果	
运行结果	

（二）完成程序

依据题目要求，分析已给出的语句，补充完整程序，要求不增行、不删行、不改变程序的结构。

（1）下面程序的功能是将字符串中所有字符 d 删除。

```
#include <stdio.h>
int main()
{
    char s[80] ;
    int i,j;
    gets(s);
    for(i=j=0;s[i]!='\0'; i++)
        if (s[i]!='d') ______①______;
    s[j]='\0';
    puts(s) ;
    return 0;
}
```

（2）从键盘输入：apple <CR> computer<CR>music<CR>game<CR>。想找出最大字符串。

```
#include <stdio.h>
#include <string.h>
int main()
{
    char str[10],temp[10]={""};
    int  i;
    for (i=0;i<4;i++)
    {
        gets(str);
        if(________②________)
            strcpy(temp,str);
    }
    puts(temp);
    return 0;
}
```

（三）调试程序

运行下列程序,若有错,写出错误之处并改正，然后写出运行结果；若程序正确，直接写出运行结果。

（1）
```
#include <stdio.h>
int main()
{
    char  a[ ] ;
    int i, len=0 ;
    a="C Language Program";
    for (i=0;a[i]!='\0';i++)
        len++;
    printf("%s ,%d\n",a,len) ;
    return 0;
}
```

错	错误：	
	改为：	
运行结果		

（2）下面程序的功能是:将字符数组 a [6]={'a','b','c','d','e','f'} 变为 a [6] ={'f','a','b','c','d','e'}。

```
#include <stdio.h>
int main( )
{
    int i;
    char t,a[6] ={'a','b','c','d','e','f'} ;
    t=a[5] ;
    for (i=5;a[i]!='\0';i--)
        a[i]=a[i-1] ;
    a[0]=t;
    for(i=0;i<=5;i++)
        printf("%c",a[i]);
    printf ("\n") ;
    return 0;
}
```

错	错误：	
	改为：	
运行结果		

（3）调试下列程序，使之具有如下功能：任意输入两个字符串（如："abc 123" 和 "china"），并存放在 a,b 两个数组中。然后把较短的字符串放在 a 数组，较长的字符串放在 b 数组。并输出。

```
    #include <stdio.h>
    #include <string.h>
    int main()
    {
    char a[10],b[10],ch;
        int c,d,k;
        scanf("%s",&a);
        scanf("%s",&b);
        printf("a=%s,b=%s\n",a,b);
        c=strlen(a);
        d=strlen(b);
        if(c>d)
        for(k=0;k<=d;k++)
        {
            ch=a[k];
            a[k]=b[k];
            b[k]=ch;
        }
        printf("a=%s,b=%s\n",a,b);
        return 0;
    }
```

程序中的 strlen 是库函数，功能是求字符串的长度，它的原型保存在头文件 "string.h" 中。调试时注意库函数的调用方法，不同的字符串输入方法，通过错误提示发现程序中的错误。

错	错误：
	改为：
运行结果	输入数据：abc123　china
	输出结果：

（四）编写程序

（1）输入 1 行文字，最多有 80 个字符。要求分别统计其中英文大写字母、小写字母、数字、空格以及其他字符的个数。

（2）编写 1 个程序，将字符串 str1 复制到 str2 中（不能用 strcpy 函数），并显示出来。

（3）输入 3 个字符串，要求找到其中的最大者。

（4）编写一个将 1 个字符串逆转的程序，如将 a [ ] ="apple"改为 a [ ] ="elppa"。

实验 3

函数与自定义数据类型

实验 3.1　函数的定义、调用和声明

一、实验目的

（1）掌握函数的声明形式及应用；
（2）掌握函数的定义形式及应用；
（3）掌握函数的调用形式及应用。

二、实验学时数

2 学时。

三、实验步骤

（一）阅读程序

阅读下列程序，分析程序结果，然后上机运行。

（1）
```
#include <stdio.h>
void fun (int x, int y, int z)
{
   z=x * x + y * y;
}
int main ( )
{
   int a=38;
   fun(7,3,a);
   printf("%d\n",a);
   return 0;
}
```

分析结果	
运行结果	

(2)
```
#include <stdio.h>
void  fun (int x,int y );
int main()
{
    int x=5,y=3;
    fun(x,y);
    printf("%d,%d\n",x,y);
    return 0;
}
void  fun (int x,int y )
{
    x=x+y;
    y=x-y;
    x=x-y;
    printf("%d,%d\n",x,y);
}
```

分析结果	
运行结果	

(3)
```
#include <stdio.h>
int f (int a);
int main()
{
    int s[8] = {1,2,3,4,5,6},i,d=0;
    for (i=0;f(s[i]) ;i++)
        d+=s[i];
    printf("%d\n",d);
    return 0;
}
int f(int a)
{
    return a%2;
}
```

分析结果	
运行结果	

(4)
```
#include<stdio.h>
long f( int  g)
{
    switch(g)
    {
        case 0: return  0;
```

```
        case 1:
        case 2: return  1;
      }
      return  (f(g-1)+f(g-2));
  }
  int main ( )
  {
      long   k;
      k = f(7);
      printf("k= %d\n",k);
      return 0;
  }
```

分析结果	
运行结果	

（5）
```
#include <stdio.h>
  int f(int b[ ][4])
  {
      int i,j,s=0;
      for(j=0;j<4;j++)
      {
          i=j;
          if(i>2)
              i=3-j;
          s+=b[i][j];
      }
      return s;
  }
  int main( )
  {
      int a[4][4]={{1,2,3,4},{5,6,7,8},{9,10,11,12},{13,14,15,16}};
      printf("%d\n",f(a) );
      return 0;
  }
```

分析结果	
运行结果	

（二）完成程序

依据题目要求，分析已给出的语句，填写空白；但是不要增行或删行，改动程序的结构。

（1）请在以下程序第一行的下划线处填写适当内容，使程序能正确运行。

```
#include <stdio.h>
________①________
int main()
{
    double x,y;
    scanf("%lf%lf",&x,&y);
    printf("max=%.8lf\n",max(x,y));
    return 0;
}
double max (double a,double b)
{
    return (a>b? a:b) ;
}
```

（2）以下函数的功能是：求 *x* 的 *n* 次方。请填空，并配写出主调函数。

```
#include <stdio.h>
double power (double x, int n)
{
    int  i;
    double  z;
    for(i=1, z=x; i<n;i++)
        z=z* ________②________;
    return z;
}
int main( )
{
    double x,y;
    int n;
    scanf("%lf%d",&x,&n);
    ______③______;
printf("xⁿ=%f\n",y);
return 0;
}
```

（3）mystrlen 函数的功能是计算字符串的长度，并作为函数值返回。请填空，并配写主调函数。

```
#include <stdio.h>
int mystrlen (______④______)
{
    int  i;
    for(i=0; str[i]!='\0';i++);
    return i;
}
int main ( )
```

```
{
    char string[20];
    gets(string);
    printf("strlength=%d\n",mystrlen(string));
    return 0;
}
```

（三）调试程序

运行下列程序，若有错，写出错误之处并改正，然后写出运行结果；若程序正确，直接写出运行结果。

```
(1) #include <stdio.h>
    void func (float a ,float  b);
    int main()
    {
        float  x , y ;
        float  z ;
        scanf("%f,%f",&x,&y);
        z= func (x,y);
        printf ("z=%f\n",z);
        return 0;
    }
    void func (float a, float b)
    {
        float c;
        c=a*a+b*b;
        return c;
    }
```

<table>
<tr><td rowspan="2">错</td><td>错误：</td></tr>
<tr><td>改为：</td></tr>
<tr><td rowspan="2">运行结果</td><td>输入数据：3,4</td></tr>
<tr><td>输出结果：</td></tr>
</table>

（2）函数 sstrcmp()的功能是对两个字符串进行比较。当 s 数组中字符串和 t 数组中字符串相等时，返回值为 0；当 s 数组中字符串大于 t 数组中字符串时，返回值大于 0；当 s 数组中字符串小于 t 数组中字符串时，返回值小于 0（功能等同于库函数 strcmp( )）。

```
#include<stdio.h>
int sstrcmp(char s[],char t[])
{
    int i=0, j=0;
```

```
    while(s[i]&&t[j]&& s[i]== t[j] )
        ;
    return s[i]-t[j];
}
int main()
{
    int x;
    char s1[50],s2[50];
    scanf("%s%s",s1,s2);
    x=sstrcmp(s1,s2);
    printf("%d\n",x);
    return 0;
}
```

<table>
<tr><td rowspan="2">错</td><td>错误：</td></tr>
<tr><td>改为：</td></tr>
<tr><td rowspan="2">运行结果</td><td>输入数据：aaaa
aaabbd</td></tr>
<tr><td>输出结果：-1</td></tr>
</table>

（四）编写程序

（1）以下程序通过调用 max()函数求 a,b 中的大数，请写出 max( )函数的定义。

```
#include <stdio.h>

int main( )
{
    int a, b, c;
    scanf("%d,%d",&a,&b);
    c=max(a,b);
    printf("max=%d",c);
    return 0;
}
```

（2）下面的函数可以输出图 1-8 所示的数字金字塔，请写出 main( )函数调用它，输出 3，5，7 以内的数字金字塔。

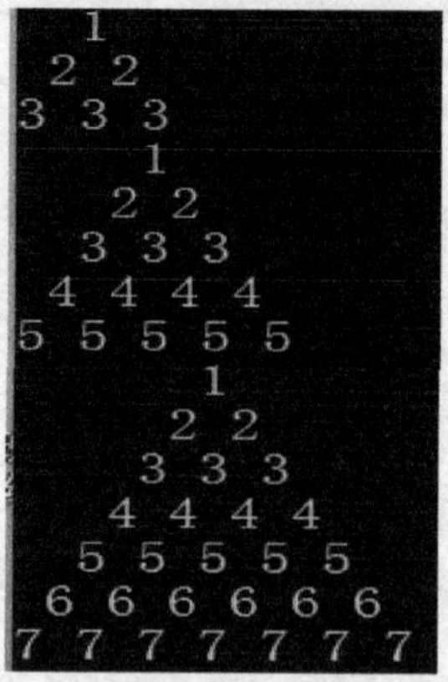

图 1-8 数字金字塔图形

```
#include <stdio.h>
void pyra(int n)
{
    int i,j;
    for(i=1;i<=n;i++)
    {
        for(j=1;j<=n-i;j++)
            printf(" ");
        for(j=1;j<=i;j++)
            printf("%d ",i);
        printf("\n");
    }
}
int main()
{




 return 0;
}
```

（3）以下程序求三角形的面积，请写出 pb 函数和 area 函数的定义（海伦公式：p=(a+b+c)/2, s=sqrt(p*(p−a)*(p−b)*(p−c))。

```
#include <math.h>
#include <stdio.h>
 ___①___ pb (_______②_______)
 {



 }
```

```
double area(float a,float b,float c )
{


}
int main()
{
    float a,b,c;
    scanf("%f,%f,%f",&a,&b,&c);
    if(pb(a,b,c))
      printf("area=%.2f\n",area(a,b,c));
    else
      printf("input error!\n");
    return 0 ;
}
```

实验 3.2　函数的参数传递

一、实验目的

（1）掌握形参和实参的使用和传值调用；
（2）理解函数的地址传递。

二、实验学时数

2 学时。

三、实验步骤

（一）阅读程序

阅读下列程序，分析程序结果，然后上机运行。

（1）
```
#include<stdio.h>
void Exchg(int x, int y)
{
    int temp;
    temp = x;
    x = y;
    y = temp;
    printf("x = %d, y = %d\n", x, y);
}
int main()
```

```
{
    int a = 4,b = 6;
    Exchg(a, b);
    printf("a = %d, b = %d\n", a, b);
    return 0 ;
}
```

分析结果	
运行结果	

(2)
```
#include <stdio.h>
long factorial(int n)
{
    int i;
    long result=1;
    for(i=1; i<=n; i++)
        result *= i;
    return result;
}
long sum(int n)
{
    int i;
    long result = 0;
    for(i=1; i<=n; i++)
        result += factorial(i);
    return result;
}
int main()
{
    printf("1!+2!+3!+4!+5! = %ld\n", sum(5));
    return 0;
}
```

分析结果	
运行结果	

(3)
```
#include <stdio.h>
#include <stdlib.h>
void sort(int x[], int m);
int main()
{
    int i;
    int marks[5] = {40, 90, 73, 81, 35};
    printf("Marks before sorting\n");
```

```
    for(i = 0; i < 5; i++)
        printf("%d ", marks[i]);
    printf("\n");
    sort(marks, 5);
    printf("Marks after sorting\n");
    for(i = 0; i < 5; i++)
        printf("%d ", marks[i]);
    printf("\n");
    system("pause");
    return 0;
}
void sort(int x[], int m)
{
    int i, j , t;
    for(i = 1; i <= m-1; i++)
        for(j =1; j <= m-i; j++)
            if(x[j-1] >= x[j])
            {
                t = x[j-1];
                x[j-1] = x [j];
                x[j] = t;
            }
}
```

分析结果	
运行结果	

（4）

```
#include <stdio.h>
void compare(int a[],int b[],int n);
int main()
{
    int a[8]={1,5,3,0,8,7,2,4};
    int b[8]={2,7,4,0,1,3,2,6};
    compare(a,b,8);
    return 0;
}
void compare(int a[],int b[],int n)
{
    int large=0,equal=0,small=0,i;
    for(i=0;i<n;i++)
    {
        if(a[i]>b[i]) large++;
        else if(a[i]<b[i]) small++;
            else equal++;
    }
    printf("a[]>b[]:%d\n",large);
```

```
        printf("a[]=b[]:%d\n",equal);
        printf("a[]<b[]:%d\n",small);
    }
```

分析结果	
运行结果	

(二)完成程序

(1) 完善成绩统计程序，写一个函数求成绩的最高分，再写一个函数求不及格人数，在 main()函数中调用它们。

```
#include <stdio.h>
```

分析：求成绩最高分的函数基本框架如下。

```
int maxf(int s[], int n)
{
    int max,i;
    [                                        ]

    return  max;
}
```

求不及格人数的函数与 maxf( )函数基本框架相似。

```
[                                        ]

int main()
{
    int score[10],i;
    for(i=0;i<10;i++)
        scanf("%d",&score[i]);
    printf("Highest Mark is :%d \n",maxf(score,10));
    printf("The number of failures is:%d\n",minf(score,10));
    return 0;
}
```

（2）已有如下 main()函数，它调用 add1 函数使 a 数组的各个元素加 1，请写出 add1 函数的定义。

```
#include <stdio.h>
┌──────────────────────────────┐
│                              │
│                              │
│                              │
└──────────────────────────────┘
int main()
{
    int i;
    static int a[]={0,1,2,3,4,5,6,7,8,9};
    add1(a,10);
    for(i=0;i<10;i++)
        printf("%d ",a[i]);
    printf("\n");
    return 0;
}
```

（三）编写程序

（1）编写一个函数，选出能被 3 整除且至少一位是 5 的两位数，用主函数调用这个函数，并输出所有这样的两位数。

（2）编写函数判断某数是否为素数，如果是素数，则返回 1，否则返回 0，在 main 函数中调用该函数，根据返回值判断是否为素数。

实验 3.3　函数的嵌套和递归

一、实验目的

（1）理解函数的嵌套与递归调用，掌握递归函数的编写规律；

（2）掌握函数的嵌套调用；

（3）理解变量的作用域，掌握局部变量和全局变量。

二、实验学时数

2 学时。

三、实验步骤

（一）阅读程序

阅读下列程序，分析程序结果，然后上机运行。

（1）
```
#include <stdio.h>
void reverse(int n)
{
    if(n>0)
    {
        printf("%d",n%10);
        reverse(n/10);
    }
}
int main( )
{
    int num;
    scanf("%d",&num);
    reverse(num);
    printf("\n");
    return 0;
}
```

输入：36782

分析结果	
运行结果	

（2）
```
#include <stdio.h>
int sum(int n)
{
    if(n==1)
        return n;
    else return sum(n-1)+n;
}
int main( )
{
    int n;
    scanf("%d",&n);
    printf("%d\n",sum(n));
    return 0;
}
```

输入：100

分析结果	
运行结果	

（二）完成程序

依据题目要求，分析已给出的语句，填写空白。但是不要增行或删行，改动程序的结构。

（1）计算 $s=1^2!+2^2!+3^2!+4^2!$。编写两个函数，一个用来计算平方值的函数 f1，另一个用来计算阶乘的函数 f2。主函数先调用 f2，f2 再调用 f1 计算出平方值，然后计算出该平方值的阶乘返回主函数，在主函数中计算累加和。

```
#include <stdio.h>
int f1(int m)
{
______①______;
}
double f2(int n)
{
    int i,r;
    double c=1;
    ______②______;
    for(i=1;i<=r;i++)
        c=c*i;
    printf("%d! =%.0f\n",r,c);
    return c;
}
int main( )
{
    int i,n;
    double s=0;
    printf("n=");
    scanf("%d",&n);
    for (i=1;i<=n;i++)
    ______③______;
    printf("s=%.0f\n",s);
    return 0;
}
```

（2）下面函数的功能是判断数组 a[]的前 n 个元素是否非递减，如果非递减返回 1，否则返回 0。

```
#include <stdio.h>
#define N 5
int dec(int a[],int n)
{
    if(n==1) return 1;
    if(a[n-2]>a[n-1])
        return 0;
    else
```

```
        return ________④________;
    }
    int main( )
    {
        int a[N],f,i;
        printf("随意输入N个整数，判断是否非递减序列：");
        for(i=0;i<N;i++)
            scanf("%d",&a[i]);
        f=dec(a,N);
        for(i=0;i<N;i++)
            printf("%d ",a[i]);
        if(f==1)
            printf("是非递减序列! \n");
        else
            printf("不是非递减序列!!! \n");
        return 0;
    }
```

（三）调试程序

运行下列程序,若有错,写出错误之处并改正，然后写出运行结果；若程序正确，直接写出运行结果。

（1）以下程序的功能是用递归方法计算学生的年龄。已知第一位学生年龄最小，为 10 岁，其余学生一个比一个大 2 岁，求第 12 位学生的年龄。

```
#include <stdio.h>
int main()
{
    int age( int n) ;
    int n =12;
    printf ("Age is  %d\n" , age(n));
    return 0;
}
int age(int n)
{
    int  c;
    c = age  (n-1)+2;
    return  c ;
}
```

<table>
<tr><td rowspan="2">错</td><td>错误：</td></tr>
<tr><td>改为：</td></tr>
<tr><td>运行结果</td><td></td></tr>
</table>

（2）
```
#include<stdio.h>
void fun(int x)
{
    if(x/2>0)
        fun(x/2);
    printf("%d  ",x);
}
int main()
{
    fun(6);
    printf("\n");
    getchar();
    return 0;
}
```

<table>
<tr><td rowspan="2">错</td><td>错误：</td></tr>
<tr><td>改为：</td></tr>
<tr><td>运行结果</td><td></td></tr>
</table>

（3）
```
#include<stdio.h>
long fun(int n)
{
    if(n>1)
        return n*fun(n-1);
    return 0;
}
int main()
{
    printf("%ld\n",fun(10));
    return 0;
}
```

<table>
<tr><td rowspan="2">错</td><td>错误：</td></tr>
<tr><td>改为：</td></tr>
<tr><td>运行结果</td><td></td></tr>
</table>

（四）编写程序

（1）兔子生兔子问题。有一对刚出生的小兔子，1 个月后长成大兔子，再过 1 个月以后，每个月又要生一对小兔子。在没有死亡的情况下，问：第 n 个月后总共有多少对兔子？

可以把兔子刚出生的时候看成1月，当时只有一对兔子；过1个月后，也就是2月，小兔子长成大兔子了，目前还是一对兔子；再过1个月，也就是3月，大兔子就生了一对小兔子，现在就是两对兔子了，而且会一直生下去……于是每过1个月就会增加一对兔子。当然还得考虑到生出来的小兔子也会长大，也会再生小兔子，于是就还要加上后出生的小兔子数……如此推下去，即可得出是个Fibonacci（斐波那契）数列。斐波那契数列，又称黄金分割数列，指的是1，1，2，3，5，8，13，21，34，…。这些数字从第3个开始，每一个数字都等于前面两个数字的和。同时后一个数字与前一个数字的比值，无限接近于黄金分割0.618。在数学上，斐波纳契数列以如下方法定义：$F(0)=1$，$F(1)=1$，$F(2)=2$，$F(n)=F(n-1)+F(n-2)$（$n\geqslant 2$，$n\in N$）在现代物理、准晶体结构、化学等领域，斐波纳契数列都有直接的应用。

（2）任意输入20个正整数，找出其中的素数，并将这些素数按由小到大排序。要求：判断一个数是否为素数用函数实现；排序用函数实现。

实验3.4　自定义数据类型

一、实验目的

（1）掌握结构体类型变量的定义和使用；

（2）掌握共用体的概念与使用。

二、实验学时数

2学时。

三、实验步骤

（一）阅读程序

阅读下列程序，分析程序结果，然后上机运行。

（1）
```
#include<stdio.h>
union data{
    int i[2];
    float a;
    long b;
    char c[4];
}u;
int main (  ){
    scanf("%d,%d",&u.i[0],&u.i[1]);
    printf("i[0]=%d,i[1]=%d\n",u.i[0],u.i[1]);
    printf("a=%f\n",u.a);
    printf("b=%ld\n",u.b);
printf("c[0]=%c,c[1]=%c,c[2]=%c,c[3]=%c\n",u.c[0],u.c[1],
u.c[2],u.c[3]);
    return 0;
}
```

① 输入两个整数 10000，20000 给 u.i[0]和 u.i[1]，分析运行结果。

分析结果	
运行结果	

② 将 scanf 语句改为：

```
scanf("%ld",&u.b);
```

输入 60000 给 b，分析运行结果。

分析结果	
运行结果	

（2）
```
#include <stdio.h>
int main()
{
    enum week{ Mon = 1, Tues, Wed, Thurs, Fri, Sat, Sun } day;
    scanf("%d", &day);
    switch(day)
    {
        case Mon: puts("Monday"); break;
        case Tues: puts("Tuesday"); break;
        case Wed: puts("Wednesday"); break;
        case Thurs: puts("Thursday"); break;
        case Fri: puts("Friday"); break;
        case Sat: puts("Saturday"); break;
        case Sun: puts("Sunday"); break;
        default: puts("Error!");
    }
    return 0;
}
```

输入：4↙

分析结果	
运行结果	

（二）完成程序

依据题目要求，分析已给出的语句，填写空白。但是不要增行或删行，改动程序的结构。

候选人得票统计程序。设有 3 个候选人，最终只能有 1 人当选为领导。今有 10 个人参加投票，从键盘先后输入这 10 个人所投的候选人的名字，要求最后输出这 3 个候选人的得票结果。

```
#include <stdio.h>
#include <string.h>
struct person
{
    char name[20];
    int count;
};
int main( )
{
    struct person leader[3]={"li",0,"zhang",0,"fun",0};
    int i,j;
    char leader_name[20];
    for(i=0;i<10;i++)
    {
        scanf("%s",leader_name);
        for(j=0;j<3;j++)//将票上姓名与 3 个候选人的姓名比较
            if(______①______)
                leader[j].count++;
    }
    for(i=0;i<3;i++)//输出 3 个候选人的姓名与最后得票数
        printf("%s,%d\n",leader[i].name,leader[i].count++);
    return 0;
}
```

（三）编写程序

有 10 个学生，每个学生的信息包括学号、姓名、3 门课的成绩，从键盘输入 10 个学生信息，要求打印出 3 门课总平均成绩，以及最高分的学生的数据（包括学号、姓名、3 门课的成绩、平均分数）。

要求用 input 函数输入 10 个学生数据；用 average 函数求总平均分；用 max 函数找出最高分的学生数据；总平均分和最高分学生的数据都在主函数中输出。

实验 4

指针

实验 4.1　指针的定义及运算

一、实验目的

（1）重点掌握指针变量的定义和赋值；
（2）掌握指针变量的引用；
（3）初步掌握指向数组的指针的定义和使用；
（4）掌握数组与指针的关系并能够利用指针解决数组的相关问题；
（5）掌握字符串与指针的关系并能够利用指针处理字符串的问题。

二、实验学时数

2 学时。

三、实验步骤

（一）阅读程序

阅读下列程序，分析程序结果，然后上机运行。

（1）
```
#include <stdio.h>
int main()
{
    int *p,a=15,b=5;
    p=&a;
    a=*p+b;
    printf("a=%d,%d\n",a ,*p);
    return 0;
}
```

分析结果	
运行结果	

（2）
```
#include<stdio.h>
int sub(int *p);
int main()
{
    int i ,k;
    for( i=0;i<5;i++)
    {
       k=sub(&i);
       printf("k= %d\n",k);
    }
    return 0;
}
int sub(int *p)
{
    static int  t=0;
    t=*p +t ;
    return t;
}
```

分析结果	
运行结果	

（3）
```
#include<stdio.h>
int main()
{
    int  a[ ]={1,2,3,4,5,6};
    int  *p ,i ;
    p=a;
    *(p+4)+=3;
    printf("n1=%d,n2=%d\n",*p , *(p+3));
    return 0;
}
```

分析结果	
运行结果	

（4）
```
#include<stdio.h>
int main()
{
    int  a[ ]={2,4,6,8,10};
    int  *p=a;
    printf("%d\n",(*p++));
```

```
    printf("%d\n",(* ++p));
    printf("%d\n",(* ++p)++);
    printf("%d\n",*p);
    return 0;
}
```

分析结果	
运行结果	

```
（5）#include <stdio.h>
     #include <string.h>
     int main()
     {
         char b1[8]="abcdef", b2[8], *pb=b1+4;
         while (--pb>=b1)
         {
             strcpy(b2,pb);
             puts(b2);
         }
         printf("%d\n",strlen(b2));
         return 0;
     }
```

分析结果	
运行结果	

（二）完成程序

依据题目要求,分析已给出的语句，填写空白。但是不要增行或删行,改动程序的结构。

（1）以下程序通过指针实现求 a 数组中各元素的和，请在________填写正确内容。

```
#include <stdio.h>
int main()
{
    int  a[6]={2,4,6,8,10,12};
    int  s, i,*p ;
    s=0;
    p=a;
    for (i=0;i<6;i++)
        _____①_____;//求各元素的和。
    printf("s=%d\n",s);
    return 0;
}
```

（2）下面程序的功能是：从键盘上输入1行字符，存入1个字符数组中，然后输出该字符串。

```
#include <stdio.h>
int main()
{
    char  str[61],*p;
    int   i;
    for (i=0;i<60;i++)
    {
        str[i]=getchar();
        if(str[i]=='\n')
        break;
    }
    str[i]='\0';
    p=str;
    while(*p)
        putchar(____②____);//输出p指向单元的内容，并使得p指针指向下一单元。
    Printf("\n");
    return 0;
}
```

（3）编写一个程序，实现将任意输入的2个字符串，连接成1个字符串，在子函数中实现连接，形参用字符指针变量，在________填写正确内容。

```
#include <stdio.h>
void mystrcat(char *pa,char *pb)
{
    while(*pa!='\0')
        pa++;//pa指向第一个字符串的尾部
    while(*pb!='\0')
    {
        ____③____    ;
    }//把pb指向单元的内容连接在pa之后，可用一句或多句实现
    *pa='\0';
}
int main()
{
    char a[90],b[30];
    gets(a);
    gets(b);
    ____④____; //调用函数，实现两个字符串的连接。
    printf("链接后的字符串是:%s\n",a);
    return 0;
}
```

（三）调试程序

运行下列程序，若有错，写出错误之处并改正，然后写出运行结果；若程序正确，直接写出运行结果。

（1）
```
#include <stdio.h>
int main()
{
    int a, b ;
    int *p ,*q ;
    printf("请输入两个整数:");
    scanf("%d,%d", p ,q);
    printf("%d,%d\n",a ,b);
    printf("%d,%d\n",*p,*q);
    return 0;
}
```

错	错误:	
	改为:	
运行结果	输入数据:	
	输出结果:	

（2）以下程序实现求数组中的元素的和。

```
#include <stdio.h>
int main()
{
    int a[10]={1,2,3,4,5,6,7,8,9,0};
    int sum,*p=0;
    sum=0;
    p=&a;
    while(p<p+10)
    {
        sum+=*p;
        p++;
    }
    printf("sum=%d\n",sum);
    return 0;
}
```

错	错误:
	改为:
运行结果	

（3）以下程序的功能是输入 3 个字符串，按由小到大的顺序输出。

```
#include <stdio.h>
#include <string.h>
int main()
{
   char  str1[20],str2[20],str3[20];
   void swap(  );
   printf("Please  enter  three  string:\n");
   gets(str1);
   gets(str2);
   gets(str3);
      if(strcmp(str1,str2)>0)
         swap(str1,str2);
      if(strcmp(str1,str3)>0)
         swap(str1,str3);
      if(strcmp(str2,str3)>0)
         swap(str2,str3);
      printf("\n%s\n%s\n%s\n",str1,str2,str3);
         return 0;
}
void  swap(char *p1,char *p2)
{
   char p[20];
   strcpy(p,p1);
   strcpy(p1,p2);
   strcpy(p2,p);
}
```

错	错误：
	改为：
运行结果	输入数据：def Mfg abcww
	输出结果：

（四）编写程序

一个数组中的 15 个值已经按升序排列存放，输入 1 个数。编程查找是否有该数，如果有，显示其所在的位置；如果没有，显示“No　Found”，通过指针实现。

实验 4.2 数组与指针

一、实验目的

（1）掌握指向数组元素的指针的定义和使用；
（2）初步掌握指向数组的指针的定义和使用；
（3）掌握数组与指针的关系并能够利用指针解决数组的相关问题。

二、实验学时数

2 学时。

三、实验步骤

（一）阅读程序

阅读下列程序，分析程序结果，然后上机运行。

（1）
```
#include <stdio.h>
int main()
{
    int c[4]={1,2,3,4};
    int *a[4];                  //指针数组
    int (*b)[4];                //数组指针
    b=&c;
    for(int i=0;i<4;i++)
        a[i]=&c[i];
    printf("%d \n",*a[1]);
    printf("%d\n",(*b)[2]);
    return 0;
}
```

分析结果	
运行结果	

（2）
```
#include <stdio.h>
int main ()
{
    char c[][3] = {"妹", "妹", "你", "坐", "船", "头"};
    char (*p)[3];
    int i;
    p =c;   //等价 p=&c[0];
    for(i=0; i<6; i++)
        printf("%s, ", *(p+i));
```

```
    printf("\n");
    for(i=5; i>=0; i--)
        printf("%s\n", *(p+i));
    return 0;
}
```

分析结果	
运行结果	

（3）
```
#include <stdio.h>
void foo(int[][3]);
int main(void)
{
    int a[3][3] = { {1, 2, 3}, {4, 5, 6}, {7, 8, 9} };
    foo(a);
    printf("%d\n", a[2][1]);
    return 0;
}
void foo(int b[][3])
{
    ++b;
    b[1][1] = 9;
}
```

分析结果	
运行结果	

（4）
```
#include <stdio.h>
int main(void)
{
    int a[][3] = {1, 2, 3, 4, 5, 6};
    int (*ptr)[3] = a;
    printf("%d %d\n", (*ptr)[1], (*ptr)[2]);
    ++ptr;
    printf("%d %d\n", (*ptr)[1], (*ptr)[2]);
    return 0;
}
```

分析结果	
运行结果	

（二）完成程序

依据题目要求，分析已给出的语句，填写空白。但是不要增行或删行，改动程序的结构。

（1）长度为 10 的一维整型数组 a 中依次存储 0，1，2，3，4，5，6，7，8，9，现根据需要将这些数字轮转存放，轮转的次数 *n* 通过键盘读入。

```
#include<stdio.h>
int main( )
{
    int a[10]={0,1,2,3,4,5,6,7,8,9};
    int i,n,temp,*p;
    printf("输入轮转的次数：");
    scanf("%d", _______①_______);
    for(i=1;i<=n;i++)
    {
        temp=*(a+9);
        for(p=a+9; p>a; p--)
        _______②_______;
        *a=temp;
    }
    for(i=0;i<10;i++)
        printf("%3d", *(a+i));
    printf("\n");
    return 0;
}
```

（2）用指针实现对 10 个整数进行冒泡排序。

```
#include <stdio.h>
void sort(int *, int);
int main( )
{
    int a[10],i,*p;
    printf("请输入 10 个整数:\n");
    for(i=0;i<10;i++)
        scanf("%d", &a[i]);
    printf("排序前:");
    for(i=0;i<10;i++)
        printf("%4d",a[i]);
    _____③_____
    sort(p,10);
    printf("\n 排序后:");
    for(i=0;i<10;i++)
        printf("%4d",a[i]);
    printf("\n");
    return 0;
}
```

```
void sort(________④________)    {
    int i,temp,*p;
    for(i=0;i<n-1;i++)
        for(p=b;________⑤________;p++)
            if(*p>*(p+1))
            {
                temp=*p;
                *p=*(p+1);
                *(p+1)=temp;
            }
}
```

（三）编写程序

编程将数组中的数据逆序存放。要求：用指向数组的指针变量实现。

实验 4.3 指向字符串的指针

一、实验目的

（1）掌握字符串与指针的关系；
（2）能够利用指针处理字符串的问题。

二、实验学时数

2 学时。

三、实验步骤

（一）阅读程序

阅读下列程序，分析程序结果，然后上机运行。

```
#include <stdio.h>
#include <string.h>
int main( )
{
    char *p1, *p2, a[20]="language", b[20]="programme";
    int  k, len;
    p1=a;
    p2=b;
    len=strlen(b);
    for(k=0; k<len; k++)
    {
        if (*p1==*p2)
```

```
putchar(*p1);
      p1++;
    p2++;
  }
  printf("\n");
  return 0;
}
```

分析结果	
运行结果	

（二）完成程序

依据题目要求，分析已给出的语句,填写空白。但是不要增行或删行,改动程序的结构。

（1）下面程序实现如下功能：输入 1 个整数字符串转换为 1 个整数值，如“1234”转换为 1234，“-1234”转换为-1234。

```
#include<stdio.h>
#include<string.h>
int main(void)
{
    char s[60];
    int n;
    int chnum(char *p);
    gets(s);
    if (*s=='-')
        n=-chnum(s+1);
    else
        n=_____①_____
    printf("%d\n",n);
    return 0;
}
int chnum(char *p)
{
    int sum=0;
    while(*p)
    {
        if(*p>='0'&&*p<='9')
        _______②_______
        p++;
    }
    return sum;
}
```

（2）编写程序判断1个字符串是否为回文字符串。例如“Level”回文，“Yes”“12345”“No”等字符串不回文。

```
#include <stdio.h>
#include <string.h>
int main ()
{
    char s[81],*p1,*p2;
    gets(s);
    p1=p2=s;
    while(*p2)
        p2++;
    p2--;
    while(p1<p2)
    {
        if (    ③    )
            break;
        else
        {
            p1++;
            p2--;
        }
    }
    if (    ④    )
        printf("No\n");
    else
        printf("Yes\n");
    return 0;
}
```

（三）编写程序

（1）用字符指针编程求出字符串中指定字符的个数。要求：从键盘输入字符串和指定字符。

（2）输入1个字符串，将其中连续的数字作为1个整数，依次存放到数组a中。例如：字符串为 ab123&gh6741kpen589，则将123存在a[0]中，6741存在a[1]中，589存在a[2]中。

第2部分 实 训

实训 1 输入与输出

C 语言程序设计中所有类型数据的输入输出通过包含 I/O 库函数 stdio.h，并调用相应的输入输出函数来实现。其中，整型、实型、字符型、字符串类型的数据可以直接通过 scanf( )，printf( )，getchar( )，putchar( )，gets( )，puts( )实现输入或输出。而枚举、结构体、共用体、数组等类型的数据必须通过将其转换（分解）成整型、实型、字符型或字符串类型的数据才能通过 scanf( )，printf( )，getchar( )，putchar( )，gets( )，puts( )实现输入或输出。

一、标准类型的输入输出

（一）字符型数据的输出与输入

1．putchar( )函数（单个字符输出函数）

putchar( )函数是字符输出函数，其功能是在显示器上输出单个字符。其一般形式为：putchar(字符表达式)。举例如下。

```
putchar('A');        /* 输出大写字母 A */
putchar(x);          /* 输出字符变量 x 的值 */
putchar('\101');     /* 也是输出字符 A */
putchar('\n');       /* 换行 */
```

【例 1】输出单个字符。

```
#include<stdio.h>
int main( )
{
    char a='B',b='o',c='k';
    putchar(a);
    putchar(b);
    putchar(b);
    putchar(c);
    putchar('\t');
    putchar(a);
    putchar(b);
    putchar('\n');
    putchar(b);
    putchar(c);
    putchar('\n');
```

```
    return 0;
}
```

2．printf( )+%c 格式输出函数

printf( )函数是格式化输出函数，一般用于向标准输出设备按规定格式输出信息。格式控制由要输出的文字和数据格式说明组成。要输出的文字除了可以使用字母、数字、空格和一些数字符号以外，还可以使用一些转义字符表示特殊的含义。

printf( )函数的调用格式为：printf("<格式化字符串>", <参量表>)。举例如下。

```
printf("%c",'A');
printf("%c",x);                  /* 输出字符型变量 x 的值*/
printf("%c",'\101');             /* 输出 ASCII 码八进制是 101 的字符*/
printf("%c",'\n');
printf("\n");
```

printf( ) +%c 格式与 putchar( )格式都可以用于单个字符型数据的输出。而 printf( )+%c 在输出单个字符型数据的同时，还可以通过占位长度控制字符输出在屏幕上所占的长度以及左右对齐格式。

例如：

```
printf("%10c",'A'); /*字符 A 输出到屏幕上占 10 个位置，并且最靠右*/
printf("%-10c",'A');     /*字符 A 输出到屏幕上占 10 个位置，并且最靠左*/
```

3．getchar( )函数（键盘输入单个字符函数）

getchar( )函数的功能是从键盘上输入一个字符。其一般形式为 getchar( );通常把输入的字符赋予一个字符变量，构成赋值语句。

如：char c;

c=getchar( );

【例 2】 输入单个字符。

```
#include<stdio.h>
int main( )
{
    char c;
    printf("input a character: ");
    c=getchar();
    putchar(c);
    return 0;
}
```

getchar( )函数只能接受单个字符，使用 getchar( )输入时从键盘输入的任何数据（包括数字）都按字符处理。当输入多于 1 个字符时，只接收第 1 个字符，其余字符留在输入缓冲区。

上述程序倒数第 3、第 4 两行语句可以用下面两行语句中的任意 1 行代替。

```
putchar(getchar( ));
printf("%c",getchar( ));
```

4．scanf( )+ %c 格式输入

scanf( )函数的格式是：scanf（“格式控制符”，变量地址列表）；用于字符类型数据输入时，格式控制符使用%c。

scanf( )+%c 格式与 getchar( )输入字符格式的区别是：scanf( )可以通过指定长度跳过字符，也可以略去输入的 1 个或多个空白字符。

【例 3】输入单个字符。

```
#include<stdio.h>
#include<stdlib.h>
void main()
{
    char x='B';
    scanf("%5c",&x); /*输入 5 个字符，变量 x 取第一个字符，其余 4 个字符不驻留输入缓冲区*/
    printf("%10c",x);
    x=getchar();
    putchar(x);
    printf("%c",'\n');
    system("pause");
}
```

【例 4】输入单个字符。

```
#include<stdio.h>
#include<stdlib.h>
void main()
{
    char x,y;
    scanf( "%c %c",&x,&y);   /* 略去输入的空格*/
    putchar(x);
    putchar('\n');
    printf("%10c\n",y);
    system("pause");
    }
```

输入

12

1　2

1　　　2

结果都是 x=1 y=2

（二）字符串的输入输出

1．用 scanf( )+%s，printf( )+%s 输入、输出字符串

【例 5】输入输出字符串。

```
#include <stdio.h>
#include <stdlib.h>
int main()
```

```
{
    char ch[5];
    int i;
    scanf("%s",ch);
    printf("%s",ch);
    printf("\n");
    system("pause");
    return 0;
}
```

使用 scanf( )+%s 格式输入 1 个字符串，遇到空格或回车，字符串输入结束，并自动添加'\0'，输出字符串时，遇到'\0'输出结束。

2．用字符串处理函数 gets( )和 puts( )输入输出字符串

puts( )函数用于向显示器输出字符串，输出结束自动换行，即用'\n'替换了 '\0'。格式：puts（字符数组名）。

说明：字符数组必须以'\0'结束。

gets( )函数从键盘输入以一回车为结束的字符串放入字符数组，并自动添加'\0'。格式：gets（字符数组名）。

【例 6】

```
#include<stdio.h>
#include<string.h>
int main()
{
    char ch[5];
    printf("请输入字符串：");
    gets(ch);
    printf("输入的字符串为：");
    puts(ch);
    return 0;
}
```

puts( )格式与 printf( )+%s 格式的区别是：puts( )输出字符串结束后自动换行；而 printf( )+%s 不会自动换行。

gets( )函数与 scanf("%s",s)的区别是：scanf( )+%s 格式输入字符串时遇到空格（或换行）认为字符串结束，空格后的字符将作为下一个输入项处理，而 gets( )函数将接收输入的整个字符串直到遇到换行为止。

二、自定义数据类型的输入输出

（一）数组类型的输入输出

数组是若干个类型相同数据的集合，是一种在标准类型基础上定义的用户自定义类型。C 语言中不提供数组（用于存储字符串的除外）专门的输入输出函数，数组是通过将其分解为一个个元素（标准类型或字符串）利用循环来实现输入输出的。例如，下面的程序段可实现一维数组的输入。

```
float x[10];
int i;
for(i=0;i<10;i++)
    scanf("%f",&x[i]);
```

二维数组的输入则要用二重循环，举例如下。

① 按行的顺序输入：

```
int a[3][4],i,j;
for (i=0;i<3;i++)
  for (j=0;j<4;j++)
    scanf("%d",&a[i][j]);
```

② 按列的顺序输入：

```
int a[3][4],i,j;
for(j=0;j<4;j++)
  for(i=0;i<3;i++)
    scanf("%d",&a[i][j]);
```

【例 7】将 10 个元素的整型数组 a 分两行输出。

```
#include <stdio.h>
int main()
{
    int i,a[10]={1,2,3,4,5,6,7,8,9,10};
    for (i=0;i<10;i++)
    {
        printf("-",a[i]);
        if (i%5==4||i==9)
        printf("\n");
    }
    return 0;
}
```

（二）枚举类型的输入输出

枚举是将一组“被命名的整型常数”列举出来的集合类型。这组整型常数被命名为不同的标识符。例如：

```
enum week{ Mon = 1, Tues, Wed, Thurs, Fri, Sat, Sun };
enum SEX{men,women};
```

C 语言中枚举类型变量的值不能够直接输入或输出。但因为枚举中实际被列举的是一个个命名为标识符的整型常数，因此，可以通过 scanf（）函数给枚举变量输入整数值，输出时要将枚举变量取到的标识符以字符串形式输出。

【例 8】枚举变量的输入输出。

```c
#include <stdio.h>
int main()
{
    enum week{ Mon = 1, Tues, Wed, Thurs, Fri, Sat, Sun } day;
    printf("请输入一个数值（范围 1-7）：");
    scanf("%d", &day);
    switch(day)
    {
        case Mon:    puts("Monday"); break;
        case Tues:   puts("Tuesday"); break;
        case Wed:    puts("Wednesday"); break;
        case Thurs:  puts("Thursday"); break;
        case Fri:    puts("Friday"); break;
        case Sat:    puts("Saturday"); break;
        case Sun:    puts("Sunday"); break;
        default:     puts("Error!");
    }
    return 0;
}
```

（三）结构体类型的输入输出

由于结构体属于用户自定义类型，自定义类型成员的不确定性是导致C语言无法提供与其类型相匹配的输入输出格式的根源。结构体类型的变量同样不能够直接输入或输出，必须通过化整为零将结构体变量分解为一个一个标准类型或字符串类型成员的方式，达到对结构体变量的输入与输出的目的。例如：

```c
#include <stdio.h>
struct Date
{
    int year;
    int month;
};
struct Student
{
    char sno[11];
    char name[10];
    int  Gshu;
    int  Ccheng;
    int  Yyu;
    float Average;
    Date  birthday;
};
int main()
{
    struct Student stu;
    printf("输入学号：");
```

```
    gets(stu.sno);
    printf("输入姓名：");
    gets(stu.name);
    printf("高数成绩：");
    scanf("%d",&stu.Gshu);
    printf("C 程成绩：");
    scanf("%d",&stu.Ccheng);
    printf("英语成绩：");
    scanf("%d",&stu.Yyu);
    stu.Average=(stu.Gshu+stu.Ccheng+stu.Yyu)/3.0;
    printf("输入出生年月");
    scanf("%d%d",&stu.birthday.year,&stu.birthday.month);
    printf(" 学      号 姓   名 高数 C程 英语 平均成绩 出生年月\n");
    printf(" %11s",stu.sno);
    printf("   %6s",stu.name);
    printf(" %3d %3d %3d  %4.1f",stu.Gshu,stu.Ccheng,stu.Yyu);
    printf("    %d年%d月\n",stu.birthday.year,stu.birthday.month);
   return 0;
}
```

三、实际训练

定义序号、学号、姓名、获得学分、高等数学、大学体育、中国近现代史纲要、软件技术导论、大学英语、C 语言程序设计、平均分的数据类型，并输入全班同学数据，根据成绩计算获得学分和平均分，并按照表 2-1 所示格式输出（注意间隔和对齐）。在输入过程中应该对成绩的合法性、学号的规范性等进行判断，以防止非法数据的流入。

表 2-1

序号	学号	姓名	获得学分	高等数学 A1/ 5	大学体育 1/1	中国近现代史纲要/2	软件技术导论/2	大学英语 A1/4	C 语言程序设计 A/4	平均分
1	1508100101									
2	1508100102									

实训 2
数组

一、数组的概念

数组是相同数据类型的元素按一定顺序排列的集合，就是把有限个类型相同的变量用一个名字命名，然后用编号区分它们的变量的集合，**这个名字称为数组名，编号称为下标**。组成数组的各个变量称为**数组的分量**，也称为**数组的元素**，有时也称为**下标变量**。

数组适用于解决批量数据问题。批量数据一般具有两个共同的特点：一是**数量大**；二是**类型相同**。当要对这类数据进行存储管理时，如果仍沿用单个变量的处理办法，势必要定义一大批的变量，那显然是不可行的。**数组**就能够很好地胜任处理批量数据的任务。

二、数组的结构形式

1．栈内存

C 语言程序设计中的一些基本类型的变量都在栈内存中分配，当在一段代码中定义一个变量时，在栈内存中为这个变量分配内存空间，当超出变量的作用域后，会自动释放掉为该变量所分配的栈内存空间。

2．堆内存

堆内存用来存放由 **malloc**、**relloc** 运算创建的数组。在堆中创建一个数组，同时还在栈内存中定义一个**特殊的变量**。让栈内存中的这个特殊变量的值等于数组在堆内存中的首地址，栈中的这个变量就成了数组的引用变量或指针变量，引用变量实际上保存的是数组在堆内存中的地址。

例如：

```
void testFunction( )
{
    int a = 0;
    int* pA = null;
    a = 2;
    pA = (int *)malloc(3*sizeof(int));
}
```

testFunction 函数中变量 **a 的内存在栈中**，a 的生命周期只在大括号内，出了 testFunction 的大括号这块栈空间就被释放了。而通过调用 malloc 函数给 pA 分配的 3*sizeof(int)个字节长度的内存在堆中。即使出了 testFunction 函数的大括号，这段内存也依然被占用着。不过，由于 pA 这个指针变量的生命周期出了大括号就结束了，所以无法再用 pA 来引用这块内存了，如果不及时释放堆中的 3*sizeof(int)个字节长度的空间，就会形成内存垃圾。

三、数组的类别

（一）一维数组

当批量类型相同的数据元素之间形成的是线性的逻辑关系，就需要将该批数据元素定义为一维数组的形式来进行管理，需经过定义、初始化和应用等过程。

在数组的声明格式里，**“数据类型”**是声明**数组元素的数据类型**，可以是 C 语言中任意的数据类型，包括简单类型和结构类型。“数组名”是用来统一这些相同数据类型的名称，其命名规则和变量的命名规则相同。

除了前面学习的使用**静态分配**的方式为数组在**栈内存**中分配连续的存储空间之外，还可以使用 malloc 函数或 relloc 函数以**动态分配**的方式为数组在**堆内存**中分配连续的存储空间。

malloc 函数函数原型：extern void *malloc(unsigned int num_bytes);

malloc 的全称是 memory allocation，中文称为动态内存分配，当无法知道内存具体位置的时候，想要绑定真正的内存空间，就需要用到动态的分配内存。malloc 必须要使用者计算字节数，并且在返回后强行转换为实际类型的指针。

```
int *p;
p = (int*)malloc(sizeof(int) * 128);
```

分配 128 个（可根据实际需要替换该数值）整型存储单元， 并将这 128 个连续的整型存储单元的首地址存储到指针变量 p 中 。

```
double *pd = (double*)malloc(sizeof(double) * 12);
```

分配 12 个 double 型存储单元，并将首地址存储到指针变量 pd 中。

使用 malloc 动态分配内存空间使用完毕，必须使用 **free** 函数释放所占空间，以防内存泄漏。

free 函数原型：void free(void *ptr);

```
#include<stdio.h>
#include<stdlib.h>
#include<string.h>
int main()
{
    typedef struct
    {
        int age;
        char name[20];
    }student;
    student *bob=NULL;
    bob=(student*)malloc(sizeof(student));
    if(bob!=NULL)
    {
        bob->age=22;
        strcpy(bob->name,"Robert");
        printf("%s is %d years old\n",bob->name,bob->age);
```

```
        }
        else
        {
            printf("malloc error!\n");
            exit(-1);
        }
        free(bob);
        return 0;
    }
```

（二）二维数组

在实际情况中有很多量是二维的或多维的， 因此 C 语言允许构造多维数组。多维数组元素有多个下标，以标识它在数组中的位置，所以也称为多下标变量。多维数组可由二维数组类推而得到。二维数组类型说明的一般形式是：

类型说明符数组名[常量表达式 1][常量表达式 2]…;

其中，常量表达式 1 表示第一维下标的长度，常量表达式 2 表示第二维下标的长度。

例如：int a[3][4];

说明了一个 3 行 4 列的数组，数组名为 a，其下标变量的类型为整型。该数组的下标变量共有 3×4 个，即：

```
a[0][0],a[0][1],a[0][2],a[0][3]
a[1][0],a[1][1],a[1][2],a[1][3]
a[2][0],a[2][1],a[2][2],a[2][3]
```

二维数组在概念上是二维的，即是说其下标在两个方向上变化，下标变量在数组中的位置也处于一个平面之中，而不只是一个向量。但是，实际的硬件存储器却是连续编址的，也就是说存储器单元是按一维线性排列的。如何在一维存储器中存放二维数组，可有两种方式：一种是按行排列， 即放完一行之后顺次放入第二行；另一种是按列排列，即放完一列之后再顺次放入第二列。C 语言中二维数组是按行排列的。在上例中，按行顺次存放，先存放 *a*[0]行，再存放 a[1]行，最后存放 a[2]行。每行中有 4 个元素也是依次存放。

二维数组的元素也称为双下标变量，其表示的形式为：数组名[下标][下标]。其中下标应为整型常量或整型表达式。例如：a[3][4] 表示 a 数组 3 行 4 列的元素。

下标变量和数组说明在形式中有些相似，但这两者具有完全不同的含义。数组说明的方括号中给出的是某一维的长度，即可取下标的最大值；而数组元素中的下标是该元素在数组中的位置标识。前者只能是常量，后者可以是常量，也可以是变量或表达式。

一个学习小组有 5 个人，如表 2-2 所示，每个人有 3 门课的考试成绩。求全组各科成绩的平均成绩和总平均成绩。

表 2-2

序号	姓名	Math	C	高数
1	张**	80	75	92
2	王**	61	65	71
3	李**	59	63	70
4	赵**	85	87	90
5	周**	76	77	85

方案 1：设计一个二维数组 a[5][3]存放 5 个人 3 门课的成绩。再设一个一维数组 v[3]存放所求得各门课平均成绩，设计一变量为全组各门课总平均成绩。

首先使用一个双重循环，在内循环中依次读入某一门课的各个学生的成绩，并把这些成绩累加起来，退出内循环后再把该累加成绩除以 5 送入 v 之中，这就是该门课程的平均成绩。外循环共循环 3 次，分别求出 3 门课各自的平均成绩并存放在 v 数组之中。退出外循环之后，把 v[0],v[1],v[2]相加除以 3 即得到各门课总平均成绩。最后按题意输出各个成绩。

二维数组初始化也是在类型说明时给各下标变量赋以初值。二维数组可按行分段赋值，也可按行连续赋值。以数组 a[5][3]为例说明。

（1）按行分段赋值可写为：

```
int [5][3]={{80,75,92},{61,65,71},{59,63,70},{85,87,90},{76,77,85}};
```

（2）按行连续赋值可写为：

```
int a[5][3]={ 80,75,92,61,65,71,59,63,70,85,87,90,76,77,85};
```

这两种赋初值的结果是完全相同的。

```
int main()
{
    int i,j,s=0,l,v[3];
    int
a[5][3]={ {80,75,92},{61,65,71},{59,63,70},{85,87,90},{76,77,85} };
    for(i=0;i<3;i++)
    {
        for(j=0;j<5;j++)
        s=s+a[j][i];
        v[i]=s/5;
        s=0;
    }
    l=(v[0]+v[1]+v[2])/3;
    printf("math:%d\nc languag:%d\ndbase:%d\n",v[0],v[1],v[2]);
    printf("total:%d\n",l);
    return 0;
}
```

方案 2：可设计一个二维数组 a[6][3],其中前 5 行分别存放 5 位同学的 3 门课成绩，最后 1 行存放各门课的平均成绩。设计一独立变量存放总的平均成绩。

首先使用一个双重循环，在内循环中依次读入某一门课程的各个学生的成绩，并把这些成绩累加起来， 退出内循环后再把该累加成绩除以 5 送入该行的最后 1 列，这就是该门课程的平均成绩。外循环共循环 3 次，分别求出 3 门课各自的平均成绩。退出外循环之后，把最后 1 行相加除以 3 即得到各科总平均成绩。最后按题意输出各个成绩。

对于二维数组初始化赋值还有以下说明。

① 可以只对部分元素赋初值，未赋初值的元素自动取 0 值。例如：

```
static int a[3][3]={{1},{2},{3}};
```

是对每一行的第一列元素赋值，未赋值的元素取 0 值。赋值后各元素的值为：1 0 0 2 0 0 3 0 0。

```
static int a [3][3]={{0,1},{0,0,2},{3}};
```

赋值后的元素值为 0 1 0 0 0 2 3 0 0

② 如对全部元素赋初值，则第一维的长度可以不给出。例如：

```
static int a[3][3]={1,2,3,4,5,6,7,8,9};
```

可以写为：static int a[][3]={1,2,3,4,5,6,7,8,9};

数组是一种构造类型的数据。二维数组可被看作是由一维数组的嵌套而构成的。设一维数组的每个元素又是一个数组，就组成了二维数组。当然，前提是各元素类型必须相同。

根据这样的分析，1 个二维数组也可以分解为多个一维数组。C 语言允许这种分解由二维数组 a[3][4]分解为 3 个一维数组，其数组名分别为 a[0],a[1],a[2]。对这 3 个一维数组不需另作说明即可使用。这 3 个一维数组都有 4 个元素，例如，一维数组 a[0]的元素为 a[0][0],a[0][1],a[0][2],a[0][3]。最后必须强调的是 a[0],a[1],a[2]不能当作下标变量使用，它们是数组名，不是一个单纯的下标变量。

（三）字符数组

用来存放字符量的数组称为字符数组。字符数组类型说明的形式与前面介绍的数值数组相同。例如：char c[10]。字符数组也可以是二维或多维数组，例如：char c[5][10]；即为二维字符数组。

字符数组也允许在类型说明时作初始化赋值。

例如：static char c[10]={'c',' ','p','r','o','g','r','a','m'};其中 c[9]未赋值，由系统自动赋予 0 值。

当对全体元素赋初值时也可以省去长度说明。

例如：static char c[]={'c',' ','p','r','o','g','r','a','m'};这时 C 数组的长度自动定为 9。

```
int main()
{
    int i,j;
    char a[][5]={{'B','A','S','I','C',},{'d','B','A','S','E'}};
    for(i=0;i<=1;i++)
    {
        for(j=0;j<=4;j++)
            printf("%c",a[j]);
        printf("\n");
    }
    return 0;
}
```

本例的二维字符数组由于在初始化时全部元素都赋以初值，因此一维下标的长度可以不加以说明。字符串在 C 语言中没有专门的字符串变量，通常用 1 个字符数组来存放 1 个字符串。字符串总是以'\0'作为串的结束符，因此当把 1 个字符串存入 1 个数组时，也把结束符'\0'存入数组，并以此作为该字符串是否结束的标志。有了'\0'标志后，就不必再用字符数组的长度来判断字符串的长度了。

C 语言允许用字符串的方式对数组作初始化赋值。例如：

static char c[]={'c',' ','p','r','o','g','r','a','m'}; 可写为：

```
static char c[]={"C program"};
```

或去掉{}写为：static char c[]="C program";

用字符串方式赋值比用字符逐个赋值要多占一个字节，用于存放字符串结束标志'\0'。上面的数组 c 在内存中的实际存放情况为：C program'\0'，'\0'是由 C 编译系统自动加上的，由于采用了'\0'标志，所以在用字符串赋初值时一般无须指定数组的长度，而由系统自行处理。在采用字符串方式后，字符数组的输入输出将变得简单、方便。除了上述用字符串赋初值的办法外，还可用 scanf 函数和 printf 函数一次性输入输出一个字符数组中的字符串，而不必使用循环语句逐个地输入输出每个字符。

```
void main()
{
    static char c[]="BASIC\ndBASE";
    printf("%s\n",c);
}
```

四、C 语言动态数组

动态数组是指在声明时没有确定数组大小的数组，即忽略方括号中的下标；当要用它时，可随时用 malloc 重新指出数组的大小。使用动态数组的优点是可以根据用户需要，有效利用存储空间。

动态数组，是相对于静态数组而言。静态数组的长度是预先定义好的，在整个程序中，一旦给定大小后就无法改变。而动态数组则不然，它可以随程序需要而重新指定大小。动态数组的内存空间是从堆（heap）上分配（即动态分配）的，是通过执行代码而为其分配存储空间。当程序执行到这些语句时，才为其分配。程序员自己负责释放内存。

（1）为什么要使用动态数组？

在实际的编程中往往会发生这种情况，即所需的内存空间取决于实际输入的数据，而无法预先确定。对于这种问题，用静态数组的办法很难解决。为了解决上述问题，C 语言提供了一些内存管理函数，这些内存管理函数结合指针可以按需要动态地分配内存空间，来构建动态数组，也可把不再使用的空间回收待用，为有效地利用内存资源提供了手段。

（2）动态数组与静态数组的对比

对于静态数组，其创建非常方便，使用完也无需释放，要引用也简单，但是创建后无法改变其大小是其致命弱点！

对于动态数组，其创建麻烦，使用完毕后必须由程序员自己释放，否则严重会引起内存泄漏。但其使用非常灵活，能根据程序需要动态分配大小。

（3）构建实例

一维：

```
#include <stdio.h>
#include <stdlib.h>
int main()
```

```
    {
        int n1,i;
        int *array=NULL;
        puts("输入一维长度：");
        scanf("%d",&n1);
        array=(int*)malloc(n1*sizeof(int));//第一维
        for(i=0;i<n1;i++)
        {
            array[i]=i+1;
            printf("%d\t",array[i]);
        }
        free(array);//释放第一维指针
        return 0;
    }
```

二维:

```
    #include <stdlib.h>
    #include <stdio.h>
    int main()
    {
        int n1,n2;
        int **array,i,j;
        puts("输入一维长度:");
        scanf("%d",&n1);
        puts("输入二维长度:");
        scanf("%d",&n2);
        array=(int**)malloc(n1*sizeof(int*)); //第一维
        for(i=0;i<n1; i++)
        {
            array[i]=(int*)malloc(n2* sizeof(int));//第二维
            for(j=0;j<n2;j++)
            {
                array[i][j]=i+j+1;
                printf("%d\t",array[i][j]);
            }
            puts("");
        }
        for(i=0;i<n1;i++)
        free(array[i]);//释放第二维指针
        free(array);//释放第一维指针
        return 0;
    }
```

五、实际训练

**科技大学信息科学技术学院软件 15 级 2015～2016 学年第一学期学习了如下课程：软件技术导论（2 学分）、C 语言程序设计（3.5 学分）、高等数学（5 学分）、体育（2 学分）、英语（3 学分）、中国革命史（2 学分）6 门课程，为了对学生的考试成绩进行分析、统计、排名、学分等进行有效管理，结合学生的学号、姓名、学年度（2015～2016 第一学期可用 15161 标识）信息，编程实现如下功能：

（1）根据考试成绩计算每位同学本学期取得的学分，例如：C 语言程序设计 3.5 学分，甲同学考试成绩（包括重考成绩）>=60，即取得该门课程的 3.5 学分，否则该门课程学分为 0；

（2）计算上述 6 门功课的平均分，每位同学考试成绩的平均分。

（3）为进行奖学金评定，对所有学生的进行由高到低的排序，排序的规则是学分高的在前、学分低的在后。学分相同的情况下，平均分高的在前，平均分低的在后。

要求：

1．首先根据题目要求进行数据结构的设计，即学生包含哪些分量，这些分量又是何种类型，长度是多少？

2．根据功能需求设计程序的结构。

3．编程实现程序功能。

实训3

菜单

计算机程序中的菜单是指运行中出现在显示屏上的选项列表。Windows 系统中常见的菜单有下拉式菜单（如窗口菜单项打开的菜单）、层叠式菜单（如“开始”菜单的“程序”子菜单）、快捷式菜单（右击鼠标时打开的菜单）。

C 语言程序设计菜单是根据程序的功能设计而成，多个选择项通过菜单的形式一一列举出来，通过功能的选择引导程序的执行实现人机交互。菜单最大的好处就是想执行什么就选什么，如同想吃什么就点什么一样，简单、直观、明了；并且，任一菜单项可以根据实际需要执行多次直到程序退出为止。

C 语言程序设计的菜单根据程序功能的复杂程度，可设计为一级菜单、二级菜单等。

【例 9】一级菜单

基本功能菜单：

作者：***

1．建立成绩数组
2．显示成绩数组
3．按给定成绩查询
4．按顺序号查询
5．从高到低排序输出
6．从低到高排序输出
7．按给定顺序号插入成绩
8．按给定顺序号删除成绩
9．按给定顺序号修改成绩
0．结束程序

【例 10】二级菜单

```
              主菜单
************************************
1．教师端
2．学生端
0．结束程序

************************************
```

教师端
****
1．录入学生信息
2．修改学生信息
3．删除学生信息
4．统计分析
5．排序
6．数据保存
7．数据加载
0．退出返回上一层

学生端
****
1．修改密码
2．查找个人信息
3．查看个人班级排名
4．查看不及格课程
0．退出返回上一层

C语言程序设计菜单的制作用到输入scanf，输出printf，死循环while(1)（dowhile(1)、for(;;)），擦屏system("cls")，暂停system("pause")，清除缓冲区fflush(stdin)，分支语句switch，函数调用，跳转break，退出运行exit(0)等。

菜单的制作过程可按如下步骤进行：

①通过输出函数罗列出函数功能；②通过输入函数输入选择项；③利用分支函数根据选择项调用相应函数；④擦屏和暂停操作；⑤菜单滚屏显示。

一、罗列功能

```
printf("\t\t\t 功能菜单\n");
printf("\t\t\t 作者：***\n");
printf("\t\t\t====================\n");
printf("\t\t\t 1. 建立成绩数组           \n");
printf("\t\t\t 2. 显示成绩数组           \n");
printf("\t\t\t 3. 按给定成绩查找         \n");
printf("\t\t\t 4. 按顺序号查询           \n");
printf("\t\t\t 5. 从高到低排序输出       \n");
printf("\t\t\t 6. 从低到高排序输出       \n");
printf("\t\t\t 7. 按给定顺序号插入成绩   \n");
printf("\t\t\t 8. 按给定顺序号删除成绩   \n");
printf("\t\t\t 9. 按给定顺序号修改成绩   \n");
printf("\t\t\t 0. 结束程序               \n");
printf("\t\t\t====================\n\n");
```

二、输入选择项

```
printf("\t\t\t 请输入您的选择：");
scanf("%d",&choice);
fflush(stdin);
```

三、根据选择项调用函数

```
switch(choice)              //根据用户选择进行相应操作
{
  case 1:  printf("模拟创建成绩数组\n");           break;
```

```
    case 2:  printf("模拟显示成绩数组\n");          break;
    case 3:  printf("模拟按给定成绩查找\n");        break;
    case 4:  printf("模拟按顺序号查询\n");          break;
    case 5:  printf("模拟从高到低排序输出\n");      break;
    case 6:  printf("模拟从低到高排序输出\n");      break;
    case 7:  printf("模拟按给定顺序号插入成绩\n");  break;
    case 8:  printf("模拟按给定顺序号删除成绩\n");  break;
    case 9:  printf("模拟按给定顺序号修改成绩\n");  break;
    case 0:  printf("欢迎你再次使用，再见！\n");    exit(0);
    default:  printf("\n 对不起，您的选择有误，请重新输入!!! \n");
}//switch
```

四、暂停和擦屏

```
system("pause");
system("cls");
```

五、循环控制菜单滚动显示

```
do
{

}while(1);
或
while(1)
{    }
```

六、实际训练

按照提示完成以下程序。

```
#include<stdio.h>
#include<stdlib.h>

#define NUM 30      //数组个数最大 30
typedef struct
{
    int no;
    int score;
}Student;
//被调用函数的声明区
void create(Student a[],int n);
void display(Student a[],int n);
void findchj(int chj,Student a[],int n);
void findsxh(int sxh,Student a[],int n);
void sort_big(Student a[],int n);
```

```
void sort_small(Student a[],int n );
void insert(int sxh,int chj,Student a[],int n);
void remove(int sxh,Student a[],int *n);
void replace(int sxh,Student a[],int n);

void main()
{
Student stu[NUM];          //学生成绩数组
int n=0;                   //记录元素的实际个数
  int flag=0;              //记录是否已经建立过成绩数组，flag=0为未建立
                           //若已建立，则不能重复建立
  int choice;
  int chj,sxh;

  system("cls");
  system("color f0");
  do
  {
  //程序功能展示菜单
    printf("\t\t\t请输入您的选择：");
    scanf("%d",&choice);
    fflush(stdin);
    switch(choice)         //根据用户选择进行相应操作
    {
      case 1:              //若已执行过该功能，flag=1,则不能继续执行该功能
                           //若flag=0,输入建立成绩数组元素个数，调用显示成绩函数
                             break;
      case 2:              //若flag=0,显示数据库为空，否则调用显示成绩函数
                             break;
      case 3:              //若flag=0,显示数据库为空，否则输入要查询的成绩，
                           //调用按成绩查询对应函数
                             break;
      case 4:              //若flag=0,显示数据库为空，否则判读顺序号是否有效，
                           //若有效，则调用按顺序号查询对应成绩函数；
                           //若顺序号无效，则显示顺序号超出范围，不能操作。
                             break;
      case 5:              //若flag=0,显示数据库为空，
                           //否则调用从高到低排序函数；
                             break;
      case 6:              //若flag=0,显示数据库为空，
                           //否则调用从低到高排序函数；
                             break;
      case 7:              //若flag=0,显示数据库为空，
                           //否则判读按顺序号是否有效，若有效，
                           //则调用插入顺序号对应函数；
                           //若顺序号无效， 则显示顺序号超出范围，不能操作。
```

```
                    break;
        case 8:              //若 flag=0,显示数据库为空,
                             //否则判读按顺序号是否有效,
                             //若有效，则调用删除顺序号对应成绩函数;
                             //若顺序号无效， 则显示顺序号超出范围，不能操作。
                    break;
        case 9:              //若 flag=0,显示数据库为空,
                             //否则判读按顺序号是否有效,
                             //若有效，则调用修改顺序号对应函数;
                             //若顺序号无效， 则显示顺序号超出范围，不能操作。
                    break;
        case 0: printf("\n\t\t\t欢迎你再次使用，再见! \n");
            exit(0);
        default :printf("\n \t\t\t对不起，您的选择有误，请重新输入!! \n");
      }//switch
      system("pause");
      system("cls");
    }while(1);
}
void create(Student s[],int n)
{
    //建立成绩数组
}
void display(Student s[],int n)
{
    //显示成绩数组
}
void findchj(int chj,Student s[],int n)
{
    //按给定成绩查找，无此成绩则显示数据库中无此成绩，有则把顺序号输出，并输出对应成绩;
}
void findsxh(int sxh,Student s[],int n)
{
    //按给定顺序号查找，顺序号超出范围则显示超出范围，否则把顺序号输出，并输出对应成绩;
}
void sort_big(Student s[],int n)
{
    //按从高到低顺序排序并输出
}
void sort_small(Student s[],int n )
{
    //按从低到高顺序排序并输出
}
void insert(int sxh,int chj,Student s[],int n)
{
    //按给定顺序号插入成绩
```

```
}
void remove(int sxh,Student s[],int *n)
{
   //按给定顺序号删除成绩
}
void replace(int sxh,Student s[],int n)
{
   //按给定顺序号修改成绩
}
```

实训 4

函数

计算机程序设计语言中的函数是一类比普通运算符功能更复杂的运算。尽管 C 语言的运算符种类繁多（算术运算、逻辑运算、关系运算、赋值运算、位运算等），基本运算丰富。相对于具体应用而言，再多的运算符也不可能满足五花八门的应用要求，因此，程序设计语言通过“函数”来弥补具体应用时运算符运算功能的不足。C 语言被称为“函数式语言”，明显提升了函数在 C 语言程序中的地位，所以函数是 C 语言的精髓，没学好函数不敢妄称学好 C 语言。

怎样学好、用好函数是学习 C 语言程序设计过程中必须面对的一个突出问题。笔者认为要做到以下几点：第一，要了解 C 语言函数的肢体结构；第二，根据实际应用需求抽取（分解）具体功能；第三，根据具体功能和函数格式设计函数；第四，定义函数；第五，声明与调用函数。

一、了解 C 语言函数的肢体结构

C 语言的函数具有明显的肢体结构，由函数的返回值类型、函数名、（函数的参数类型、形式参数名）构成函数的首部；由{}、函数内部变量的定义语句、功能性执行语句构成函数体。

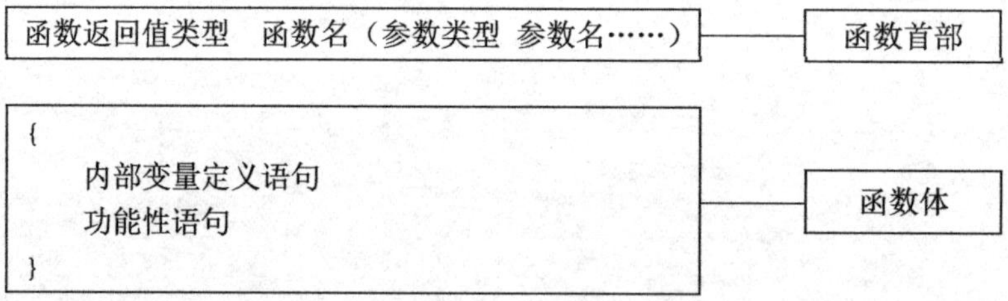

自定义函数相互间的区别是函数的返回值类型、函数名、函数的参数、内部变量、功能性语句的不同，函数的整体结构都是一样的，函数首部和函数体。

```
int add (int a,int b)
```

```
{
    int c;
    a+b;
    return c;
}
```

```
void swap (int *a,int *b)
```

```
{
    int c;
    c=*a;
    *a=*b,*b=c;
}
```

```
int divisor (int a,int b)   /*自定义函数求两数的最大公约数*/
```

```
{
    int  temp;            /*定义整型变量*/
    if(a<b)               /*通过比较求出两个数中的最大值和最小值*/
    {
        temp=a;
        a=b;
        b=temp;
    }                     /*设置中间变量进行两数交换*/
    while(b!=0)           /*通过循环求两数的余数，直到余数为0*/
    {
        temp=a%b;
        a=b;              /*变量数值交换*/
        b=temp;
    }
    return a;             /*返回最大公约数到调用函数处*/
}
```

根据题目要求完成。

（1）编写函数 fun(n)，n 是一个三位整数，判断其是否水仙花数，是返回 1，否返回 0。编写 main 函数，输入一个数 num,调用 fun(num)函数，输出判断结果。

（2）编写函数 ss(n), 判断 n 是否为素数，是返回 1，否返回 0。编写 main 函数，输入一个数 num，调用 ss(num)函数，并输出判断结果。

（3）编写一个函数 fun(n)，计算 $n!$，并编写 main 函数测试，在 main 函数中输入 num，调用 fun(num)，输出计算的结果。

（4）某数列为 $K(n)$的定义为：

$$K(n)=\begin{cases}1; & n=1\\ K(n-1)\times 2; & n\ \text{为偶数}\\ K(n-1)\times 3; & n\ \text{为奇数}\end{cases}$$

用递归的方法求该数列的第 6 项 K(6)。

（5）在一个一维数组 a 中存放 10 个正整数, 求其中所有的素数。(用数组元素作为函数的实际参数）

（6）设计一个函数 fc，其功能为统计数组中偶数的个数。编写 main 函数，用数组名 num 作为函数传递的参数调用 fc 函数，实现对数组 num 的统计，并输出统计结果。

二、根据实际应用需求抽取（分解）具体功能

计算 $s=(1!)+(1!+2!)+\cdots+(1!+\cdots+n!)$。$n$ 由用户输入，小于 10。

题目要求计算$(1!)+(1!+2!)+\cdots+(1!+\cdots+n!)(n<10)$的累计和，为实现该题目的要求可抽取（分解）出几个具体功能：①求一个自然数的阶乘的功能；②计算公式中每一项（$1!+\cdots+m!$）的功能；③将各项之和累加的功能。

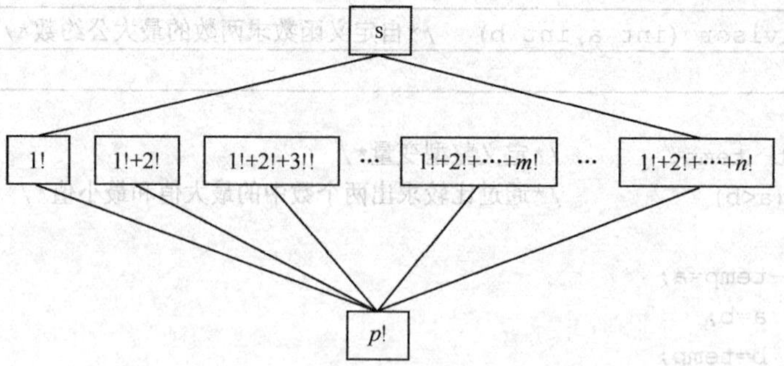

三、根据具体功能和函数格式设计函数

已将计算 $s=(1!)+(1!+2!)+\cdots+(1!+\cdots+n!)$分解为 3 个具体的功能，接下来的工作是将相应的功能设计为函数的实现形式。计算一个自然数的阶乘是基础，每一项内阶乘的累加和是桥梁，各项的累加和是结局。

设计函数 fact(n)计算自然数 n 的阶乘，函数 fact_sum (m)计算 $1!+2!+\cdots+m!$累加运算。主函数中完成各项的求和运算。

考虑到一个 10 以内自然数的阶乘不会超出 C 语言整数的范围，可将计算一个自然数阶乘函数 fact 的返回值类型确定为 int 或 unsigned int,该函数的功能是计算一个自然数的阶乘，因此该函数的参数类型为 int 或 unsigned int，形参个数一个，形参名 n。

考虑到 1!+…+10!的结果不会超出 C 语言整数的范围，可将计算 1!+2!+…+m!的函数 fact_sum 的返回值类型确定为 int 或 unsigned int，该函数的功能是计算自然数 1 的阶乘到自然数 m 的阶乘的累加和，因此该函数的参数类型为 int 或 unsigned int，形参个数一个，形参名 m。

四、定义函数

定义求一个自然数阶乘的函数。

```
int fact (int n)
{
    int  f=1;
    if (n>0)
    while(n)
    {
      f=f*n;
      n--;
    }
    return f;
}
int fact_sum(int m)
{
    int  i ,s=0;
    for(i=1;i<=m;i++)
      s=s+fact(i);
    return s;
}
```

五、声明与调用函数

```
int main()
{
    int fact(int n);
    int fact_sum (int m);
    int n,i,sum=0;
    printf("please intput a  integer number: ");
    scanf("%d",&n );
    if(n<0||n>10)
    printf("%d  is error number!\n");
    else
    {
       for(i=1;i<=n;i++)
          sum=sum+ fact_sum (i);
    }
    printf("(1!)+(1!+2!)+…+(1!+…+%d!)=%d\n",n,sum);
    return 0;
}
```

六、实际训练

2016～2017 学年度第一学期已经考试结束，为了了解学生的业务课程考试情况、平时表现情况和综合奖学金评定工作，需对全班同学的业务课程考试成绩、平时表现成绩进行相应处理。其中业务课程包括高等数学、C 语言程序设计、大学英语视听一、软件技术导论、近现代史和大学体育一共 6 门课程；平时表现成绩包括辅导员评分、班主任评分和班级同学评分 3 项。业务课程考试成绩和平时表现评分均实行百分制。

综合奖学金评定办法如下。

（1）业务课程成绩占 70%，平时表现成绩占 30%。

（2）业务课程任一门考试成绩低于 60 分不能参与奖学金评定。

（3）综合奖学金分为三个等级：一等奖学金、二等级学金和三等奖学金。其中，一等奖学金占班级人数的 3%，二等奖奖学金占班级人数的 7%，三等奖奖学金占班级人数的 20%。具体获奖人数应根据班级人数和奖学金各等级的分配比例相乘进行四舍五入来确定。

要求根据以上题目描述，结合函数专项实训，从要求解决的问题中抽取出具体功能，并根据抽取出的具体功能和 C 语言函数的规范设计相应函数，进而经函数定义、声明与调用等过程评选出各等级奖学金的获奖者信息。

该应用题目给定数据结构类型如下。

```
typedef struct
{
    char SNo[11];         //规范化学号格式
    char Name[10];        //姓名
    int  GSHu;            //高等数学成绩
    int  CCHeng;          //C 语言程序设计成绩
    int  RDao;            //软件技术导论成绩
```

```
    int  Dying;             //大学英语视听一成绩
    int  DTi;               //大学体育一成绩
    int  JDaiSHi;           //近现代史成绩
    int  GKeFlag;           //挂科标记，初始化为 0，若有挂科则标记为 1
    int  FDaoYuan;          //辅导员评分
    int  BZHuRen;           //班主任评分
    int  Bjin;              //班级同学评分
    double ZHeFen;          //学生的综合成绩=业务课成绩 70%+综合表现成绩 30%
}Student;
```

要求：在此数据结构类型基础上，依据奖学金评定的要求，详细描述抽取具体功能和函数设计过程；定义出具体函数，并通过编写代码完成奖学金评定，最终得出各个等级奖学金的获得者信息。

各班级业务课考试成绩和平时表现分由各班班长提供。

（1）录入基础数据。

（2）计算是否有挂科。判断每门功课成绩。

（3）按业务课成绩占 70%和平时表现占 30%计算学生的综合成绩。

（4）排序。先以 GKeFlag 为关键字由低到高排序，将学生分为未挂科部分和挂科部分；实现未挂科学生排在前，挂科学生排在后。在此基础上只对未挂科的学生以 ZHeFen 为关键字由高到低排序，可以实现未挂科学生综合成绩的由高到低排序。

（5）奖学金评定。

实训 5

班主任管家软件的设计与实现

一、项目开发背景

**科技大学软件工程专业学制四年，共八个学期，其中前六个学期在学校进行相关课程的学习，在学校或高新区教学基地进行相关课程实训，第七学期在高新区教学基地进行企业级项目开发实战训练，第八学期在相关企业进行实习并完成毕业设计。某科技大学实行辅导员+班主任的学生管理模式，为了便于对软件工程专业学生的日常生活、学习等进行有效管理，适逢 C 语言课程实训之机，设计与开发软件工程专业学生的班主任管家系统，既能巩固所学 C 语言基础知识，又能通过实际项目的开发过程，培养学生综合解决问题的能力，编程能力等。

班主任管家软件以学生信息、课程信息为基础，以品行表现成绩（辅导员、班主任、班级评议成绩）和业务课程成绩为评价依据，每学期评定一次奖学金，奖学金作为学生评定各种荣誉的主要依据，并将各种评价结果计入奖惩信息库。根据业务成绩进行各种统计分析。

二、奖学金评选办法

1．评选资格

有下列情形之一者，不能获得奖学金：

（1）品行表现测评名次在班级 70%以后者；

（2）必修课或选修课有不及格者；

（3）未达到《大学生体育锻炼合格标准》者；

（4）受警告以上处分者，半年或察看期内不得参加奖学金评选；

（5）品行表现具有不宜获得奖学金的其他情形者。

2．奖学金的种类、金额及评选标准、评选办法

某科技大学奖学金包括校长奖学金、综合奖学金、单项素质奖学金、专项奖学金四类。

（1）校长奖学金的评选　学校每学年组织某科技大学“十大优秀学生”的评选，被评为校“十大优秀学生”者即获得该学年校长奖学金，奖励金额为 2000 元/(人・年)。

（2）综合奖学金的评选　该奖项用于奖励品学兼优、素质全面发展的优秀学生。奖励等级、金额、比例为：

特等奖 2000 元/(人・年)，0.3%；

一等奖 1200 元/(人・年)，3%；

二等奖 700 元/(人・年)，7%；

三等奖 400 元/(人・年)，15%。

① 特等奖学金：每学期期末按照《**科技大学学生素质综合测评办法(试行)》的规定，以班级为单位排出每个学生的综合测评名次，凡综合测评成绩在班级内属前 4%，在该学期

内考试（必修）课数达到三门以上（含三门）或总科数（包括必修课、选修课）达到五门以上（含五门）的学生，且各门功课（包括必修课、选修课）均优秀(90 分以上)者，可获得特等奖学金。

② 一、二、三等奖学金：以班级为单位，根据综合测评名次排列，列前 35%名次者可参评奖学金。一、二、三等奖学金不全部评选的班级，可按学生数的 3%、7%、15%的比例，只评选其中的一个等级。

（3）单项素质奖学金的评选　单项素质奖学金用于奖励在思想道德、学习、科技创新、文体活动、社会实践等某一方面表现突出，素质优异的学生。其中包括：

① 思想品德奖 200 元/(人·年)，5%；

② 社会实践奖 200 元/(人·年)，8%；

③ 文体优秀奖 200 元/(人·年)，5%；

④ 学习进步奖 200 元/(人·年)，2%；

⑤ 科技创新奖 1000～2000 元/(项·年)。

（4）专项奖学金的评选

① 优秀运动员奖学金；

② 定向奖学金；

③ 其他单位或个人出资设立的奖学金。

专项奖学金的评选办法由学校另行发文颁布。

三、实训项目要求

1．提供项目开发 Word 文档

文件名格式："班级-格式学号-姓名.doc"，例如，"软件 152-1508100101-丁兆元.doc"。

具体内容包括：①系统分析（通过系统分析知道要干什么）；②系统设计（系统流程图设计、系统功能模块图设计、数据结构设计、菜单结构设计、输入输出格式设计、文件结构设计、代码规范化设计）；③测试（包括测试目的、测试数据、测试结果）；④程序运行界面；⑤总结。

2．提交扩展名为.cpp 的文件

提交在 Visual C++ 6.0 或 Codeblock 编译环境下运行的扩展名为.cpp 的文件。文件格式："班级-格式学号-姓名.cpp"，例如"软件 152-1508100101-丁兆元.cpp"。

四、系统信息要求

该系统为实际应用系统，要求系统中所用的信息真实、有效。

1．学生基本信息

学生基本信息包括：学号、姓名、宿舍号、性别、年龄。

学号为标准格式共 10 位数字，例如 1508100201。其中，前 2 位代表学生入学年份；3～4 位代表学生所在学院；5～6 位代表学生所学专业；7～8 位代表学生所在班级；9～10 位代表学生在班级中的序号。

姓名最多为 4 个汉字；

性别为"男"或"女"；

年龄为 2 位正整数。

2．课程信息

课程信息包括：课程号、课程类别、课程所在学期、课程名称、学分。

课程号为标准课号，例如 B08010100；

课程类别为选修/必修；

所在学期用阿拉伯数字1～8代表；

课程名称为专业为2016版人才培养计划中的课程名称。

3．学生成绩信息

学生成绩信息包括：学号、课程号、课程成绩、是否重修。

学号为学生信息中的主关键字，可以唯一识别学生；课程号为课程信息的主关键字，可以唯一识别课程；是否重修用于判断课程成绩是否是第一次考试取得。

4．综合信息

综合信息包括：学号、姓名、获奖类别、获奖时间、惩处类别、惩处时间、所获学分、奖励分值、惩罚分值。以文件形式保存，格式为term1.txt。

奖励分值计算办法，起始分值为0分。

（1）奖学金计分　获得单项奖学金+1，三等奖学金+2，二等奖学金+3，一等奖学金+4，特等奖学金+5，校长奖学金+6。

（2）荣誉积分　校级各种优秀个人+3，省级各种个人优秀+6，国家级各种优秀+12。

（3）学科竞赛　省级以上学科竞赛成功参赛奖+1，省级三等奖+4，省级二等奖+5，省级一等奖+6，国家级三等奖+6，国家级二等奖+9，国家级一等奖+12，校级三等奖+1，校级二等奖+2，校级一等奖+3分。

惩罚分值计算办法，起始分值为0分。

学院通报批评−1，校级警告−2，严重警告−3，记过−4，记大过−5，开除学籍留校察看−6。

五、功能要求

1．录入部分

（1）能实现学生信息的录入、修改并保存。

（2）能实现课程信息的录入、修改并保存。

（3）能分学期录入品行表现成绩（辅导员、班主任、班级评议）、修改并保存。

（4）能实现课程成绩的录入，并且在实现某课程成绩录入时，能够自动按学号排好顺序，并提示“某学号某同学 某门功课成级”，例如“1508100201 丁兆元C语言程序设计A成绩：”。

（5）能录入学生的各种奖惩信息。

2．修改部分

（1）能对录入的课程成绩进行修改，例如成绩录错、重考、重修原因引起的成绩更改等。

（2）能对个人信息进行修改。

（3）能对课程信息进行修改。

（4）能对学生奖惩信息进行修改。

3．统计分析部分

（1）能对某门功课各分数段成绩进行统计。

（2）能分学期对学生业务课程平均分按分数段进行统计。

（3）能统计任意一名同学每门功课的班级排名以及业务课成绩总体排名。

（4）能以宿舍为单位进行成绩统计分析。

（5）能以挂科次数为依据分学期对比分析。

（6）能以业务课班级排名为依据分学期对比分析（前进或退步情况）。

4．排序部分

（1）分学期按业务课程成绩对学生由高到低排序，并显示业务成绩平均分。

（2）分学期按不及格门次对学生由高到低排序，并显示不及格门次。

（3）分学期按不及格学生数对课程进行由高到低排序，并显示课程名及不及格学生数。

（4）能分学期以宿舍为单位按成绩由高到低进行排序，并显示宿舍平均成绩。

（5）能随时根据奖励对学生进行由高到低排序并输出信息。

（6）能随时根据惩罚情况对学生由低到高排序并输出信息。

5．奖学金自动评定

能根据学校奖学金评选办法，分学期进行奖学金评定并显示，并能够将评选结果自动追加到学生的奖惩信息库中。

6．数据的导入导出

基础数据一次录入永久存放，在需要时导入内存变量，如有修改重新导入文件，使永久保存的数据与临时使用的数据保持一致性。

六、性能需求

（1）系统有功能导航，操作灵活。

（2）录入无非法数据。能对数据进行非法性检测，保证进入系统内的数据均为合法数据。自动检测成绩的合法范围，例如<0 或>100 为非法数据，提示录入数据非法，重新录入。

（3）输入输出数据格式规范。输入数据要有提示，输出的数据含义醒目。

（4）运算结果准确。

第3部分　实验参考答案

实验1

C语言入门及选择结构答案

实验1.1　Visual C++6.0开发环境

（二）阅读程序

（1）

运行结果	********************** Hello world! **********************

合并输出语句

```
printf("**********************\n    Hello world!\n**********************\n");
```

（2）

运行结果	printf中删除a+b=和a−b=	输出结果：579 333
	printf中删除第一个\n	输出结果：a+b=579 a−b=333

（三）完成程序

① b=22

② area

（四）调试程序

错	错误：int x;
	改为：int x,y;
运行结果	输出结果：121

（五）编写程序

（1）

```
#include <stdio.h>
int main( )
{
    printf("\n I come from Qingdao\n");
    printf(" I like swimming\n");
    return 0;
}
```

（2）

```
#include <stdio.h>
int main( )
{
    printf("*\n");
    printf("**\n");
    printf("***\n");
    return 0;
}
```

实验 1.2　C 程序快速入门

（一）阅读程序

（1）

运行结果	a,b 97,98
运行结果	a,b 97,98
运行结果	A,? 65,-112

（2）

运行结果	2.4*x-1/2=23.500000 x%2/5-x=-10.000000 (x-=x*10,x/=10)=0

（二）完成程序

① char a,b

② a,a,a

（三）调试程序

（1）

错	错误：int u=v=98;
	改为：int u=98,v=98;
运行结果	输出结果：u=98,v=98

（2）

<table>
<tr><td rowspan="2">错</td><td colspan="2">错误：scanf("%x,%y",&x,&y);</td></tr>
<tr><td colspan="2">改为：scanf("%d,%d",&x,&y);</td></tr>
<tr><td rowspan="6">调试后的结果</td><td>输入数据</td><td>输出结果:</td></tr>
<tr><td>2,6</td><td>The average is 4</td></tr>
<tr><td>1,4</td><td>The average is 2</td></tr>
<tr><td>−1,−3</td><td>The average is −2</td></tr>
<tr><td>−2,4</td><td>The average is 1</td></tr>
<tr><td>2,0</td><td>The average is 1</td></tr>
</table>

（四）编写程序

（1）

```
#include <stdio.h>
int main()
{
    int price,saleprice;
    printf("请输入海信（Hisense）LED55EC720US 商场价格：");
    scanf("%d",&price);
    saleprice=price*0.7;
    printf("海信（Hisense）LED55EC720US 销售价格：%d 元\n", saleprice);
    return 0;
}
```

（2）

```
#include <stdio.h>
int main()
{
    float a,b;
    printf("一元一次方程 ax+b=0 的系数：");
    scanf("%f%,%f",&a,&b);
    if(a==0)
      printf("该方程无解");
    else
      printf("x=%f\n",-b/a);
    return 0;
}
```

实验 1.3　算术运算与赋值运算

(一) 阅读程序

(1)

①

运行结果	9，11，9，10

② 将 m=++i;　 n=j++; 改为：m=i++;n=++j;

运行结果	9，11，8，11

③

运行结果	9，9，8，-9

(2)

运行结果	17，　　17，17 1234.567017，1234.57

(3)

运行结果	x=12,y=5

(4)

运行结果	x+y+z=48

(二) 完成程序

① c1-32

② (a+b)*4/a/b 或 (a+b)*4/(a*b)

(三) 调试程序

(1)

错	错误：k=5*I*I;
	改为：k=5*i*i;
运行结果	320

(2)

错	错误：scanf("%d",n);
	改为：scanf("%d",&n);
运行结果	234=>432

（四）编写程序

（1）

```
#include <stdio.h>
int main( )
{
    float score1, score2,score3,total,average;
    printf("某同学三门功课成绩：");
    scanf("%f%f%f",&score1,&score2,&score3);
    total=score1+score2+score3;
    average=total/3;
    printf("total=%.1f,average=%.1f\n ",total,average);
    return 0;
}
```

（2）

```
#include <stdio.h>
int main( )
{
    int a,b;
    printf("两个整数值：");
    scanf("%d%d",&a,&b);
    b=a+b;
    a=b-a;
    b=b-a;
    printf("a=%d,b=%d\n",a,b);
    return 0;
}
```

（3）

```
#include <stdio.h>
int main( )
{
    float float1,float2;
    int int1;
    printf("浮点数：");
    scanf("%f",&float1);
    int1=(int)float1;
    float2=float1-int1;
    printf("整数部分=%d,小数部分=%f\n",int1,float2);
    return 0;
}
```

(4)

```
#include "stdio.h"
#include "math.h"
int main()
{
    int a,b,c;
    double p,s;
    printf("三个整数: ");
    scanf("%d%d%d",&a,&b,&c);
    if(a+b>c && a+c>b && b+c>a)
    {
      p=(a+b+c)/2.0;
        s=sqrt((p-a)*(p-b)*(p-c)*p);
        printf("三角形面积 S=%f\n",s);
    }
    else
       printf("不构成三角形! \n");
    return 0;
}
```

(5)

```
#include "stdio.h"
int main()
{
    int a,b,c;
    printf("三个整数: ");
    scanf("%d%d%d",&a,&b,&c);
    printf("b^2-4ab=%d\n",b*b-4*a*c);
    return 0;
}
```

(6)

```
#include "stdio.h"
int main()
{
    int m,s;
    m=298/60;
    s=298%60;
    printf("298 秒是%d 分%d 秒\n",m,s);
    return 0;
}
```

(7)

```
#include "stdio.h"
int main()
```

```
{
    int m,g,sh,b;
    printf("三位整数: ");
    scanf("%d",&m);
    g=m%10;
    sh=m/10%10;
    b=m/100;
    printf("%d+%d+%d=%d\n",b,sh,g,g+sh+b);
    return 0;
}
```

实验 1.4　逻辑运算及 if 语句

（一）阅读程序

（1）

运行结果	8,-9

（2）

运行结果	a=8,b=8,c=10

（3）

运行结果	y=0

（4）

运行结果	a=10,b=30,c=10

（5）

运行结果	−2

（二）完成程序

① ch>='A'&& ch<='Z'或 ch>=65 && ch<=90
② ch=ch−32 或 ch='A'+ch−'a'
③ a+b>c && a+c>b && b+c>a 或 a−b<c && a−c<b && b−c<a
④ a==b && b==c 或 a==c && b==c 或 a==b && a==c
⑤ a==b||a==c||b==c

（三）调试程序

（1）

错	错误：3<x<=9 −1<x<=3
	改为：3<x && x<=9 −1<x && x<=3
运行结果	输入数据：4　2　1　−3　10
	对应的输出结果：24　4　2　−4　−1

（2）

错	错误：y=x−3 y=x
	应改为：y=0 y=x−3
运行结果	输入数据：5　0　−3
	输出结果：y=8　y=0　y=−6

（四）编写程序

（1）

```
#include <stdio.h>
int main()
{
    float score;
    scanf("%f",&score);
    if(score>=0 && score<=100)
        if(score>=90)
            printf("%.1f is  A\n",score);
        else
            if(score>=80)
                printf("%.1f is  B\n",score);
            else
                if(score>=70)
                    printf("%.1f is  C\n",score);
                else
                    if(score>=60)
                        printf("%.1f is  D\n",score);
                else
                    printf("%.1f is  E\n",score);
```

```
    else
        printf("成绩非法! \n");
    return 0;
}
```

（2）

```
#include <stdio.h>
int main()
{
    int int1,g,sh,b;
    printf("输入一个三位数：");
    scanf("%d",&int1);
    g=int1%10;
    sh=int1/10%10;
    b=int1/100;
    if(g*g*g+sh*sh*sh+b*b*b==int1)
        printf("%d 是水仙花数\n",int1);
    else
        printf("%d 不是水仙花数\n",int1);
    return 0;
}
```

实验1.5　switch语句

（一）阅读程序

运行结果	1　　2　　3　　4 i=5

（二）完成程序

① y=-1
② op ③ v2==0
④ sum=0 ⑤ (year%100!=0&&year%4==0) ⑥ leap 或 leap==0 ⑦ sum++

（三）编写程序

（1）

```
#include <stdio.h>
int main()
{
    int num;
    float total_price,weight;
```

```
    printf("输入水果编号[1]苹果[2]梨[3]橘子[4]芒果和重量\n");
    scanf("%d",&num);
    scanf("%f",&weight);
    switch(num)
    {
        case 1: total_price=(float)(weight*2.0);
              printf("%.1f千克苹果，应付%.1f元\n",weight,total_price);
              break;
        case 2: total_price=(float)(weight*2.5);
              printf("%.1f千克梨，应付%.1f元\n",weight,total_price);
              break;
        case 3: total_price=(float)(weight*3.0);
              printf("%.1f千克橘子，应付%.1f元\n",weight,total_price);
              break;
        case 4: total_price=(float)(weight*4.5);
              printf("%.1f千克芒果，应付%.1f元\n",weight,total_price);
              break;
        default: printf("data error");
    }
    return 0;
}
```

（2）

```
#include <stdio.h>
int main()
{
    int weekday;
    printf("输入日期序号(1-7)\n");
    scanf("%d",&weekday);
    switch(weekday)
    {
        case 1:  printf("Monday\n");  break;
        case 2:  printf("Tuesday\n");  break;
        case 3:  printf("Wednesday\n");  break;
        case 4:  printf("Thursday\n");   break;
        case 5:  printf("Friday\n");     break;
        case 6:  printf("Saturday\n");  break;
        case 7:  printf("Sunday\n");  break;
        default: printf("data error");
    }
    return 0;
}
```

（3）

```
#include <stdio.h>
int main()
```

```
{
    int profits;
    printf("当月所接工程利润\n");
    scanf("%d",&profits);
    switch(profits>0?1:0)
    {
       case 0: printf("数据错误! \n"); break;
       case 1: switch((profits-1)/1000)
             {
               case 0: printf("salary=500\n");
                    break;
               case 1: printf("salary=%.0f\n",500+profits*0.1);
                    break;
               case 2:
               case 3:
               case 4: printf("salary=%.0f\n",500+profits*0.15);
                    break;
               case 5:
               case 6:
               case 7:
               case 8:
               case 9: printf("salary=%.0f\n",500+profits*0.2);
                    break;
               default: printf("salary=%.0f\n",500+profits*0.25);
            };
            break;
    }
    return 0;
}
```

实验 2

循环结构及数组答案

实验 2.1 循环结构

（一）阅读程序

（1）

运行结果	a=3,b=7

（2）

运行结果	x=5 y=3 z=0

（3）

运行结果	1 2 3

（4）

运行结果	10

（5）

运行结果	#*#*#

（6）

运行结果	127

（7）

运行结果	1,-2

（二）完成程序

① (n%10)*(n%10) ② n/10

③ n=n*a ④ count++
⑤ 100 ⑥ 0 ⑦ n==s
⑧ N−i (4≤N≤50) ⑨ 2*i−1
⑩ k=0;k<=100;k++ ⑪ 5*i+2*j+k==100 ⑫ n++

（三）调试程序

（1）

错	错误：while(k>50)
	改为：while(k-->50)
运行结果	99,98,97,96,95,94,93,92,91,90, 89,88,87,86,85,84,83,82,81,80, 79,78,77,76,75,74,73,72,71,70, 69,68,67,66,65,64,63,62,61,60, 59,58,57,56,55,54,53,52,51,50

（2）

错	错误：int s=1; printf("%d! = %d\n",n,s);
	改为：double s=1; printf("%d! = %.0f\n",n,s);
运行结果	输入数据：1 5 9 12 15
	输出结果：1!=1 5!=120 9!=362880 12!=479001600 15!=1307674368000

（3）

错	错误：if (i>100)
	改为：if (i==100)
运行结果	1 2 3 4 5 6 7 8 9 10 11 12 13 14 15 16 17 18 19 20 21 22 23 24 25 26 27 28 29 30 31 32 33 34 35 36 37 38 39 40 41 42 43 44 45 46 47 48 49 50 51 52 53 54 55 56 57 58 59 60 61 62 63 64 65 66 67 68 69 70 71 72 73 74 75 76 77 78 79 80 81 82 83 84 85 86 87 88 89 90 91 92 93 94 95 96 97 98 99 100

(四)编写程序

(1)While 实现。

①

```
#include <stdio.h>
int main()
{
    int chocolates=1,day=10;//第 1 天的巧克力数量是 1
    while( day>1 )
    {
      chocolates=(chocolates+1)*2+1;//由当天的巧克力数计算前一天的数
      day--;
    }
    printf("妈妈总共给小明买了%d 块巧克力。\n",chocolates);
    return 0;
}
```

②

```
#include <stdio.h>
int main()
{
    double millionaire_stranger=1;//第 1 天百万富翁给陌生人 1 分钱
    int day=1;
    while( day<30 )
    {
        day++;
        millionaire_stranger=3*millionaire_stranger;
                    //从第 1 天开始截至第 day 天百万富翁给陌生人的钱
    }
    printf("百万富翁 30 天应给陌生人 %.0f 万元\n",
                                millionaire_stranger/10000000);
    printf("陌生人 30 天应给百万富翁 %d 万元\n",10*30);
    return 0;
}
```

③

```
#include<stdio.h>
int main()
{
    char ch1,ch2;
    printf("电文: ");
    scanf("%c",&ch1);
    printf("密文: ");
    while(ch1!='\n')//换行键结束输入电文
```

```
    {
        if(ch1>='A'&& ch1<='Z')
            ch2=(ch1-65+4)%26+65;//将取其后第 4 个字母运算形成封闭圈
        if(ch1>='a'&& ch1<='z')
            ch2=(ch1-97+4)%26+97;
        if(ch1>='0' && ch1<='9')
            ch2=ch1;
        printf("%c",ch2);
        scanf("%c",&ch1);
    }
    printf("\n");
    return 0;
}
```

④

```
#include<stdio.h>
int main()
{
    int  jishusum=0,oushusum=0,i=1;
    while(i<21)
    {
        if(i%2==1)//判断是否奇数
            jishusum+=i;
        else
            oushusum+=i;
        i++;
    }
    printf("1+3+5...+17+19=%d\n",jishusum);
    printf("2+4+6...+18+20=%d\n",oushusum);
    return 0;
}
```

（2）do…while 循环实现。

①

```
#include<stdio.h>
int main()
{
    int  ziranshu,n=0,i;
    printf("请随意输入一个自然数：");
    scanf("%d",&ziranshu);
    i=ziranshu;
    do
    {
        if(i%2==0)
```

```
            i=i/2;
        else
            i=3*i+1;
        n++;
    }
    while(i!=1);
    printf("经过%d次运算%d变为1\n",n,ziranshu);
    return 0;
}
```

②

```
#include<stdio.h>
int main()
{
    int  zhengshu,i,weishu=0;
    printf("请输入一个整数: ");
    scanf("%d",&zhengshu);
    i=zhengshu;
    do
    {
        i=i/10;
          weishu++;
    }
    while(i!=0);
    printf("%d是%d位数\n",zhengshu,weishu);
    return 0;
}
```

(3)for循环实现。

①

```
#include<stdio.h>
int main()
{
    int man,women;
    for(man=1;man<17;man++)
        for(women=1;women<24;women++)
            if(3*man+2*women+(30-man-women)==50)
                                        //(30-man-women)小孩数
                printf("男人:%2d 女人:%2d 小孩:%2d\n",
                                man,women,30-man-women);
    return 0;
}
```

②

该题的数学模型等效于斐波拉契数列。

天数	day1	day2	day3	day4	day5	…	day$n$
能生产的兔子数/对	0	0	1	1	2	…	
总兔子数/对	1	1	2	3	5	…	

第 n 天的兔子数等于第 n−1 天的兔子数+第 n 天的能生产的兔子数（即第 n−2 天的兔子数）。

```
#include<stdio.h>
int main()
{
    int rabbit=1,rabbits=1,day;
    printf("第 1 天的兔子数(对): %d\n",rabbit);
    printf("第 2 天的兔子数(对): %d\n",rabbits);
    for(day=3;day<=20;day++)
    {
        rabbits=rabbit+rabbits;
        rabbit=rabbits-rabbit;
        printf("第 %d 天的兔子数(对): %d\n",day,rabbits);
    }
    return 0;
}
```

③

```
#include<stdio.h>
int main()
{
    int score,highscore=0,num,i;
    printf("输入成绩个数: \n");
    scanf("%d",&num);
    for(i=1;i<=num;i++)
    {
        scanf("%d",&score);
        if(highscore<score)
        highscore=score;
    }
    printf("最高分: %d\n",highscore);
    return 0;
}
```

④

```
#include<stdio.h>
#define PRICE 0.8
int main()
{
```

```
    int day,number;
    day=1;
    number=2;
    do
    {
        printf(" 第%d天买苹果花费%.1f元\n",day,number*PRICE);
        number=number*2;
        day++;
    }while(number<=100);
    return 0;
}
```

（4）循环嵌套。

①

```
#include<stdio.h>
int main()
{
    double sum=0,jiecheng;
    int i,j;
    for(i=1;i<101;i++)
    {
        jiecheng=1;
        for(j=1;j<=i;j++)
            jiecheng=jiecheng*j;
        sum=sum+jiecheng;
    }
    printf("1!+2!+...+99!+100!=%.0f\n",sum);
    return 0;
}
```

②

```
#include<stdio.h>
int main()
{
    int i,j;
    for(i=1;i<10;i++)
    {
        for(j=1;j<=i;j++)
            printf(" %d*%d=%2d  ",j,i,i*j);
        printf("\n");
    }
    return 0;
}
```

实验 2.2 一维数组

（一）阅读程序

运行结果	s=12345

（二）完成程序

① n%2 ② k++
③ a[i]%2==0 (或!a[i]%2) ④ a[i]。

（三）调试程序

（1）

错	错误：int a(4)={4*0};
	改为：int a[4]={4*0};
运行结果	输入数据：1 8 18 36
	输出结果：63

（2）

错	错误：int a[11],i;
	改为：int a[11]={0},i;
运行结果	输入数据：3 8 9 10 26 367 245 95 18 48
	输出结果：Sum=1703808

（3）

错	错误：float ave; if(i%3==0)
	改为：float ave=0; if((i+1)%3==0)
运行结果	输入数据：1 2 3 4 5 6 7 8 9 10
	输出结果：1 2 3 4 5 6 7 8 9 10 ave=5.500000

（四）编写程序

（1）

```
#include<stdio.h>
#include<stdlib.h>
#include<time.h>
void main()
{
    int a[20],i,sum=0;
    srand(time(NULL));
    for(i=0;i<20;i++)
    {
        a[i]=rand()%50;
        printf("%3d",a[i]);
        if((i+1)%5==0)
            printf("\n");
        if(i%2==1)
            sum=sum+a[i];
    }
    printf("a[1]+a[3]+…+a[19]=%d\n",sum);
}
```

（2）

```
#include<stdio.h>
#define N 10
void main()
{
    int a[N],i,j,temp;
    for(i=0;i<N;i++)
        scanf("%d",&a[i]);
    for(i=0,j=N-1;i<=j;i++,j--)
    {
        temp=a[i];
        a[i]=a[j];
        a[j]=temp;
    }
    for(i=0;i<N;i++)
        printf("%d ",a[i]);
    printf("\n");
}
```

（3）

```
#include <stdio.h>
#define N 10
int main( )
```

```
{
    int a[N],i,j,temp;
    printf("请输入待排序序列：");
    for(i=0;i<N;i++)
        scanf("%d",&a[i]);
    for(i=0;i<N-1;i++)
        for(j=0;j<N-i-1;j++)
            if(a[j]>a[j+1])
            {
                temp=a[j];
                a[j]=a[j+1];
                a[j+1]=temp;
            }
    printf("从小到大排序后序列：");
        for(i=0;i<N;i++)
            printf("%d  ",a[i]);
    printf("\n");
    return 0;
}
```

（4）在定义静态数组时，数组的长度只能由常量及其表达式来确定，不允许通过变量确定数组的长度。

（5）C 语言中，用下标表示法标记数组元素从 0 开始，当 i>=数组长度时，数组名[i]虽然表示一个内存单元，但不表示数组中的某个元素，因此用下标表示法表示一个数组元素时，下标变量要大于等于 0，小于数相应维对应长度。

（6）程序运行的结果是先输出字符串中个字符的 ASCII 值，然后输出主函数源代码本身。

实验 2.3　二维数组

（一）阅读程序

（1）

运行结果	7 5 3

（2）

运行结果	（1，2）=6

（二）编写程序

（1）

```
#include <stdio.h>
int main()
```

```
{
    int i , j ;
    int a[2][3] = { 1,2,3,4,5,6 }, b[3][2] ;
    for (i=0 ;i < 2 ;i++)
        for (j = 0 ; j<3 ; j++ )
            b[j][i]=a[i][j];
        for (i=0 ;i < 3 ;i++)
        {
            for (j = 0 ; j<2 ; j++ )
                printf("%d ",b[i][j]);
            printf("\n");
        }
    return 0;
}
```

（2）

```
#include <stdio.h>
int main()
{
    int i , j ,sum=0;
    int a[3][4] = { 1,2,3,4, 5,6,7,8, 9,10,11,12 };
    for (i=0 ;i < 3 ;i++)
        for (j = 0 ; j<4 ; j++ )
            if(i==0||i==2||j==0||j==3)
                sum+=a[i][j];
    printf("sum=%d ",sum);
    printf("\n");
    return 0;
}
```

（3）

```
#include<stdio.h>
int main()
{
    int a[5][5],i,j,maxint,minint,maxr,maxl,minr,minl;
    printf("输入5行5列矩阵：");
    for(i=0;i<5;i++)
        for(j=0;j<5;j++)
            scanf("%d",&a[i][j]);
    maxint=minint=a[0][0];
    maxr=minr=0;
    maxl=minl=0;
        for(i=0;i<5;i++)
            for(j=0;j<5;j++)
            {
```

```
                if(a[i][j]>maxint)
                {
                    maxint=a[i][j];
                        maxr=i;
                    maxl=j;
                }
                if(a[i][j]<minint)
                {
                    minint=a[i][j];
                        minr=i;
                    minl=j;
                }
            }
    printf("max(%d,%d)=%d, min(%d,%d)=%d\n",
                            maxr,maxl,maxint,minr,minl,minint);
    return 0;
}
```

(4)

```
#include<stdio.h>
int main()
{
    int a[5][5],i,j,sum1=0,sum2=0;
    printf("输入 5 行 5 列矩阵: ");
    for(i=0;i<5;i++)
        for(j=0;j<5;j++)
        {
            scanf("%d",&a[i][j]);
            if(i==j)
                sum1=sum1+a[i][j];
            if(i+j==4)
                sum2=sum2+a[i][j];
        }
    printf("主对角线之和=%d, 副对角线之和=%d\n",sum1,sum2);
    return 0;
}
```

(5)

```
#include<stdio.h>
int main()
{
    int a[3][5],i,j;
    for(i=0;i<3;i++)
        for(j=0;j<5;j++)
            scanf("%d",&a[i][j]);
    for(i=0;i<3;i++)
```

```
        for(j=0;j<5;j++)
            printf("%d ",&a[i][j]);
    printf("\n");
    return 0;
}
```

实验 2.4　字符数组

（一）阅读程序

（1）

运行结果	11 I　am　a student!

（2）

运行结果	6

（3）

运行结果	CQM

（二）完成程序

① s[j++]=s[i]
② strcmp(str,temp)==1

（三）调试程序

（1）

错	错误：char　a[ ]; a="C Language Program" ;
	改为：char a[]="C Language Program" ;
运行结果	C Language Program ,18

（2）

错	错误：a[i]!='\0'
	改为：i!=0
运行结果	fabcde

（3）

错	错误：k<=d
	改为：k<=c
运行结果	输入数据: abc123　china
	输出结果：a=abc123,b=china a=china,b=abc123

（四）编写程序

（1）

```
#include <stdio.h>
#include <string.h>
int main()
{
   char str[80];
   int sum1=0,sum2=0,sum3=0,sum4=0,sum5=0,i=0;
   printf("输入一系列字符: ");
   gets(str);
   while(str[i]!='\0')
   {
      if(str[i]>='a'&& str[i]<='z')
         sum1++;
      else
         if(str[i]>='A' && str[i]<='Z')
            sum2++;
         else
            if(str[i]>='0'&& str[i]<='9')
               sum3++;
            else
               if(str[i]==' ')
                  sum4++;
               else
                  sum5++;
      i++;
   }
   printf("长度为%d 的字符串%s:",i,str);
   printf("含小写字母:%d, 大写字母:%d, 数字:%d 空格:%d, 其他字符:%d\n",sum1,
         sum2,sum3,sum4,sum5);
   return 0;
}
```

（2）

```
#include <stdio.h>
#include <string.h>
```

```
int main()
{
    char str1[80]="",str2[80]="";
    int len,i;
    printf("输入一个字符串：");
    gets(str1);
    len=strlen(str1);
    for(i=0;i<=len;i++)
        str2[i]=str1[i];
    printf("输出字符串：");
    puts(str2);
    return 0;
}
```

(3)

```
#include <stdio.h>
#include <string.h>
int main()
{
    char str1[80]="",str2[80]="",str3[80]="",maxstr[80]="";
    printf("输入第一个字符串：");
    gets(str1);
    printf("输入第二个字符串：");
    gets(str2);
    printf("输入第三个字符串：");
    gets(str3);
    strcpy(maxstr,str1);
    if(strcmp(str1,str2)==-1)
        strcpy(maxstr,str2);
    if(strcmp(maxstr,str3)==-1)
        strcpy(maxstr,str3);
    printf("最大字符串是：");
    puts(maxstr);
    return 0;
}
```

(4)

```
#include <string.h>
int main()
{
    char str[80],ch;
    int len,i=0;
    printf("输入一个字符：");
    gets(str);
    puts(str);
```

```
    len=strlen(str);
    for(i=0;i<len/2;i++)
    {
        ch=str[i];
        str[i]=str[len-1-i];
        str[len-1-i]=ch;
    }
    puts(str);
    return 0;
}
```

实验 3
函数与自定义数据类型答案

实验 3.1　函数的定义、调用和声明

（一）阅读程序

（1）

运行结果	38

（2）

运行结果	3,5 5,3

（3）

运行结果	1

（4）

运行结果	k =13

（5）

运行结果	22

（二）完成程序

① double max(double,double);
② x
③ y=power(x,n);
④ char str[]

（三）调试程序

（1）

错	错误：void func (float a ,float　b); void func (float a, float b)
	改为：float func (float a ,float　b); float func (float a, float b)
运行结果	输入数据：3,4
	输出结果：

（2）

错	错误：　;

	改为：{　i++;
	j++;
	}

运行结果	输入数据：aaaa aaabbd
	输出结果：−1

（四）编写程序

（1）

```
int max(int a,int b)
{
    return a>b?a:b;
}
```

（2）

```
pyra(3);
pyra(5);
pyra(7);
```

（3）

```
int pb(float a,float b,float c)
{
    if(a+b>c && a+c>b && b+c>a)
        return 1;
    else
        return 0;
}
double area(float a,float b,float c )
```

```
{
    double p;
    p=(a+b+c)/2;
    return sqrt(p*(p-a)*(p-b)*(p-c));
}
```

实验 3.2 函数的参数传递

(一)阅读程序

(1)

运行结果	x=6, y=4 a=4,b=6

(2)

运行结果	1!+2!+3!+4!+5!=153

(3)

运行结果	Marks before sorting 40 90 73 81 35 Marks after sorting 35 40 73 81 90

(4)

运行结果	a[]>b[]:2 a[]=b[]:4 a[]<b[]:4

(二)完成程序

(1)

```
int maxf(int s[],int n)
{
    int max,i;
    for(max=s[0],i=1;i<n;i++)
        if(max<s[i])
            max=s[i];
    return  max;
}
int minf(int s[],int n)
{
    int sum=0,i;
```

```
    for(i=0;i<n;i++)
        if(s[i]<60)
            sum++;
    return  sum;
}
```

(2)

```
void add1(int a[],int n)
{
    int i;
    for(i=0;i<n;i++)
        a[i]=a[i]+1;
}
```

(三)编写程序

(1)

```
#include <stdio.h>
int fuhe(int n)
{
    int gewei,shiwei;
    gewei=n%10;
    shiwei=n/10;
    if(n%3==0&&(gewei==5||shiwei==5))
        return 1;
    else
        return 0;
}
int main()
{
    int i;
    for(i=10;i<100;i++)
        if(fuhe(i))
            printf("%d ",i);
    printf("\n");
    return 0;
}
```

(2)

```
#include <stdio.h>
#include <math.h>
int sushu(int n)
{
    int i;
    for(i=2;i<=sqrt(n);i++)
    if(n%i==0)
        break;
```

```
    if(i>sqrt(n))
        return 1;
    else
        return 0;
}
int main()
{
    int m;
    printf("输入任意一个整数：");
    scanf("%d",&m);
    if(sushu(m))
        printf("%d是素数\n",m);
    else
        printf("%d不是素数!\n",m);
    return 0;
}
```

实验 3.3 函数的嵌套和递归

（一）阅读程序

（1）

运行结果	28763

（2）

运行结果	5050

（二）完成程序

① return m*m ② r=f1(n) ③ s=s+f2(i)
④ dec(a,n−1)

（三）调试程序

（1）

错	错误：c = age (n−1)+2;

	改为：if (n==1)
	c=10;
	else
	c = age (n−1)+2 ;

运行结果	Age is 32

（2）

错	错误：无
	改为：
运行结果	1 3 6

（3）

错	错误：fun 函数中的 return 0
	改为：return 1
运行结果	3628800

（四）编写程序

（1）

```
#include<stdio.h>
int tuzi(int n)
{
    int num;
    if(n==1||n==2)
        num=1;
    else
        num=tuzi(n-2)+tuzi(n-1);
    return num ;
}

int main()
{
    int i,n,sum=0;
    printf("输入整数 n 值：");
    scanf("%d",&n);
    printf("第 %d 个月后总共有 %d 对兔子。\n",n,tuzi(n));
    return 0;
}
```

（2）

```
#include<stdio.h>
#include <math.h>
int sushu(int n)
{
    int i,m;
    m=(int)(sqrt(n));
    for(i=2;i<=m;i++)
        if(n%i==0)
```

```
            break;
        if(i>m)
            return 1;
        else
            return 0;
}
void sort(int a[],int n)
{
    int i,j,temp;
    for(i=0;i<n-1;i++)
        for(j=0;j<n-1-i;j++)
            if(a[j]>a[j+1])
            {
                temp=a[j];
                a[j]=a[j+1];
                a[j+1]=temp;
            }
}
int main()
{
    int num[20],i;
    printf("请输入20个整数：");
    for(i=0;i<20;i++)
        scanf("%d",&num[i]);
    printf("其中的素数有：");
    for(i=0;i<20;i++)
        if(sushu(num[i])==1)
            printf("%d  ",num[i]);
    printf("\n");
    sort(num,20);
        printf("由小到大的排序结果：");
    for(i=0;i<20;i++)
        printf("%d  ",num[i]);
    printf("\n");
    return 0;
}
```

实验 3.4 自定义数据类型

（一）阅读程序

（1）

①

运行结果	i[0]=10000,i[1]=20000 a=0.000000 b=100000 c[0]=□,c[1]=',c[2]=,c[3]=

②

运行结果	i[0]=60000,i[1]=0 a=0.000000 b=600000 c[0]=~,c[1]=? ,c[2]=,c[3]=

（2）

运行结果	Thursday

（二）完成程序

① strcmp(leader_name,leader[j].name)==0

（三）编写程序

```
#include <stdio.h>
#include <stdlib.h>
#define N 10
struct student
   {
      char no[12];
      char name[10];
      float score[3];
      float average;
   }stu[N];
void input(struct student s[],int n)
{
   int i,j;
   for(i=0;i<n;i++)
   {
      printf("学号: ");
      gets(s[i].no);
      printf("姓名: ");
      gets(s[i].name);
      printf("成绩: ");
        for(j=0;j<3;j++)
          scanf("%f",&s[i].score[j]);
      fflush(stdin);
   }
}
void average(struct student s[],int n)
{
   int i,j;
   for(i=0;i<n;i++)
```

```
        {
            s[i].average=0;
            for(j=0;j<3;j++)
                s[i].average+=s[i].score[j];
            s[i].average/=3;
        }
    }
    int max(struct student s[],int n)
    {
        float m;
        int i,j;
        m=s[0].average;
        i=0;
        for(j=1;j<n;j++)
            if(m<s[j].average)
            {
                m=s[j].average;
                i=j;
            }
        return i;
    }
    int main()
    {

        int i;
        input(stu,N);
        average(stu,N);
        printf("| 学   号  | 姓   名 |成绩1|成绩2|成绩3|均 分|\n");
        for(i=0;i<N;i++)
    printf("|%11s|%9s| %4.1f| %4.1f| %4.1f| %4.1f|\n",stu[i].no,stu[i].name,
stu[i].score[0], stu[i]. score[1],stu[i].score[2],stu[i].average);
        i=max(stu,N);
        printf("The highest score is:");
        printf("%11s  %9s  %4.1f  %4.1f  %4.1f  %4.1f\n",stu[i].no,stu[i].
name,stu[i]. score[0],stu[i].score[1],stu[i].score[2],stu[i].average);
        return 0;
    }
```

实验 4

指针答案

实验 4.1　指针的定义及运算

（一）阅读程序

（1）

运行结果	a=20，20

（2）

运行结果	k= 0 k= 1 k= 3 k= 6 k= 10

（3）

运行结果	n1=1，n2=4

（4）

运行结果	2 6 8 9

（5）

运行结果	def cdef bcdef abcdef 6

（二）完成程序

① s=s+*p++

② *p++

③ *pa++=*pb++;或者 *pa=*pb;pa++;pb++ ④ mystrcat(a,b)

（三）调试程序

（1）

错	错误：int *p,*q;
	改为：int *p=&a,*q=&b;
运行结果	输入数据：12,23
	输出结果：12,23 12,23

（2）

错	错误：p=&a; p<p+10;
	改为：p=a; p<a+10;
运行结果	sum=45

（3）

错	错误：void swap(　　);
	改为：void swap(char *p, char *q);
运行结果	输入数据：def Mfg abcww
	输出结果：abcww def Mfg

（四）编写程序

```
#include <stdio.h>
int main()
{
    int  *p,m,num[15]={1,-25,-10,-5,0,3,7,9,15,25,36,63,78,98,100};
    printf("输入要查找的数：");
    scanf("%d",&m);
    p=num;
    while(*p!=m && p<num+15)
        p++;
    if(p<num+15)
        printf("%d 是第%d 的元素\n",m,p-num+1);
```

```
    else
       printf("No  Found\n");
       return 0;
}
```

实验 4.2　数组与指针

（一）阅读程序

（1）

运行结果	2 3

（2）

运行结果	妹，妹，你，坐，船，头， 头 船 坐 你 妹 妹

（3）

运行结果	9

（4）

运行结果	2 3 5 6

（二）完成程序

① &n　② *p=*(p−1)

③ p=a;　④ int *b, int n　③ p<b+n−i−1

（三）编写程序

```
#include<stdio.h>
int main( )
{
    int a[10]={0,1,2,3,4,5,6,7,8,9};
    int *front,*wear,temp,i;
    front=a;
    wear=a+9;
    while(front<wear)
```

```
    {
        temp=*front;
        *front=*wear;
        *wear=temp;
        front++;
        wear--;
    }
    for(i=0;i<10;i++)
        printf("%3d",*(a+i));
    printf("\n");
    return 0;
}
```

实验 4.3 指向字符串的指针

（一）阅读程序

运行结果	ga

（二）完成程序

① chnum(s); ② sum=sum*10+*p-'0';
③ *p1!=*p2 ④ p1<p2

（三）编写程序

（1）

```
#include <stdio.h>
#include <string.h>
int main( )
{
    char str[50],ch,*strp;
    int  total=0;
    printf("请输入字符串");

    gets(str);
    printf("请输入指定字符：");
    ch=getchar();
    strp=str;
    while(*strp!='\0')
    {
        if(*strp==ch)
            total++;
        strp++;
    }
    printf("%c 出现了%d 次\n",ch,total);
    return 0;
}
```

（2）

```
#include<stdio.h>
int main()
{
    char str[80],*p;
    int num,a[20],i,total;
    printf("请输入字符串：");
    gets(str);
    total=0;
    p=str;
    while(*p!='\0')
    {
        if(*p>='0'&& *p<='9')
        {
            num=0;
            do
            {
                num=num*10+(*p-'0');
                p++;
            }while(*p>='0' && *p<='9');
            a[total]=num;
            total++;
        }
        else
            p++;
    }
    printf("字符串中总计出现%d 个数，分别是：",total);
    for(i=0;i<total;i++)
        printf(" %d",a[i]);
    printf("\n");
    return 0;
}
```

参 考 文 献

[1] 王敬华等. C 语言程序设计教程——习题解答与实验指导. 第 2 版. 北京：清华大学出版社，2009.

[2] 王敬华等. C 语言程序设计教程——习题解答与实验指导. 北京：清华大学出版社，2006.

[3] 罗朝盛等. C 语言程序设计实用教程. 北京：人民邮电出版社，2005.

[4] 廖湖声等. C 语言程序设计案例教程. 北京：人民邮电出版社，2005.

[5] 徐秋红等. C 语言实用教程. 北京：人民邮电出版社，2010.